KB102868

조상진 평전

로산진 평전

초판 1쇄 발행 | 2015년 5월 15일

지은이 | 신한균 · 박영봉
디자인 | 놀이터
펴낸이 | 김성은
펴낸곳 | 아우라
등록 | 제395-2007-00127호
주소 | 412-764 경기도 고양시 덕양구 화중로 104번길 30, 801호
전화 | 031-963-4272
팩스 | 031-963-4276
인쇄 | 예림인쇄
제본 | 국일문화사

ISBN 978-89-94222-06-6 03590

•책값은 뒤표지에 표시되어 있습니다.

조선잔치 평전

신한균 · 박영봉 지음

아우라
AURA

프롤로그 1

우리나라 식당은 플라스틱 그릇과 스테인리스 식기를 주로 쓴다. 그러나 그릇을 빚는 내 눈에 그것은 공예품으로서의 아름다움이 없는 차디찬 죽은 물건일 뿐이다. 나는 식당에서 식사할 때 죽은 물건에 담긴 음식을 먹는 셈이다. 다행히 요즘은 드물기는 하지만 도자기를 쓰는 식당이 더러 눈에 띈다. 그러나 그곳의 도자기도 기계로 찍어낸 공장 제품인 경우가 많다.

중국인은 어떤 그릇을 쓸까? 주로 도자 그릇을 사용한다. 그럼 임진왜란 때 우리 사기장을 납치해 가서 도자기를 만든 일본은 어떨까? 어이없게도 현재 세계에서 가장 다양하고 멋진 도자 그릇을 쓰는 나라가 되었다. 그들은 요리의 종착역을 모리쓰케盛り付け라고 여긴다. 모리쓰케는 음식을 그릇과 조화롭게 차려내는 차림멋을 말하며, 일본의 요리학교에서는 차림멋을 가장 중요하게 가르친다.

근대 일본 민예운동을 이끌었던 도예가 가와이 간지로河井寬次郎의 말이 생각난다.

"1919년 조선을 방문했을 때 평양 기생집에 간 적이 있다. 그날 본 기생집의 상차림은 나에겐 충격이었다. 맛나고 푸짐하게 보이는 조선 음식이 멋진 조선 도자기에 담겨 나왔다. 그 모리쓰케(차림멋)는 나를 황홀하게 했다. 그때 본 조선 진사청화辰砂青華 수저통은 나를 평생 진사 도자기를 만들도록 이끌었다."

신한균 작 회령도판

사기장(도공)은 '도자기를 판다'고 하지 않고 '작품을 시집보낸다'고 한다. 도자기는 사기장에게 딸이기 때문이다. 옛날엔 잘 만들어진 도자 그릇을 '맛난 그릇'이라고 했다. 좋은 그릇은 음식을 더욱 맛나게 하기 때문이다.

예술미와 개성미를 지닌 사기장의 '맛난 그릇'들은 어디로 갔을까?

인사동의 고미술상에게서 들은 이야기다. 60~70년대에는 돈 몇 푼만 주면 옛 사발과 고가구 등 골동품을 쉽게 구할 수 있었다. 그중엔 국보급 도자기도 있었다. 당시 그것들을 고미술상에게 판 사람들은 플라스틱 그릇과 스테인리스 식기를 사거나 대량 생산된 도자기 제품을 샀다. 그때부터 우리나라 식당과 가정에서는 사기장의 '맛난 그릇'이 사라지기 시작했다.

1990년대 초반 일본 기업가의 초대로 교토에 있는 고급 요정料亭에 간 적이 있다. 일본 기업가의 말에 따르면 그 요정은 어떤 그릇을 쓰는가에 따라 가격이 달라진다고 했다. 유명한 도예가의 작품에 차려진 요리를 먹고 싶다면 특별예약을 해야 하며, 특별예약은 그 요정의 VIP여야만 가능하다고 했다. 그리고 그날의 식기는 기타오지 로산진北大路魯山人 선생의 작품이라고 했다.

한국에서는 유명 도예가의 작품이라도 식기는 생활 도자기라 불리며 그다지 비싸게 거래되지는 않는다. 하지만 로산진의 식기 값은 사기장인 나의 상상을 뛰어넘는 엄청난 가격이었다. 일본 기업가의 말이 아직도 생생하다.

"로산진 선생은 한국의 옛 그릇을 통해 도예철학을 터득했다고 했습니다. 또 조선의 옛 도자기를 공부했기에 일본 요리에 어울리는 그릇을 만들 수 있었다고 했습니다. 그분은 도자기로 일본 요리를 완성한 분입니다."

그때 나는 로산진을 한국에 소개하기로 마음먹었다. 그러나 곧 저작권이라는 난관에 부딪쳤다. 로산진의 작품 사진을 책에 싣기 위해서는 그 작품을 소유한 미술관이나 개인 소장자의 허락을 받아야 했다. 하지만 그게 전부는 아니었다. 저작권협회에 등록된 후손들에게도 동의를 얻어야 했다. 로산진의 후손을

신한균 작 약토도판

찾아보았으나 쉽사리 연락이 되지 않았다.

그러던 중 나는 2005년에 『우리 사발 이야기』란 책을 펴냈다. 한국에서 화제를 모은 이 책은 『이도다완의 수수께끼井戸茶碗の謎』라는 이름으로 2007년 일본에서도 출간되어 큰 반향을 불러일으켰고, 그 덕에 로산진 후손과의 만남이 이루어지게 되었다. 번역된 나의 저서를 읽은 일본인들이 책에 등장하는 한국의 옛 가마터를 돌아보기 위해 순례단을 모집했고, 순례여행 중에 우리 '신정희요'를 방문했던 것이다. 순례단 인솔자는 유명한 도예화랑을 경영하는 구로다 구사오미黑田草臣였다. 그는 로산진 생전에 그의 작품을 전문으로 판매했던 구로다 료지黑田領治의 아들이며 로산진 전문가였다. 또 일행 속에는 로산진의 손녀도 있었다. 이 두 사람의 도움 덕택에 저작권 문제가 해결될 수 있었다.

글 쓰는 일만 남게 되었으나 문득 나의 뇌리를 스치는 생각이 있었다. 조선 사발을 최초로 재현한 아버님은 로산진보다 나이는 적지만 동시대의 도예가이니 내가 글을 쓴다면 아버님을 먼저 쓰는 게 도리가 아닐까 하는 것이었다.

고민 중에 한 사람을 만났다. 시인이자 요리 칼럼니스트인 박영봉 선생이었다. 박 선생에게 로산진 이야기를 했다. 그리고 내가 직접 쓰기 곤란한 사정을 말하며 로산진에 대한 글을 써보라고 권했다. 그렇게 일이 시작되었다. 박 선생도 로산진을 연구하기 시작했다. 둘이 힘을 합치자 속도가 났다.

하지만 또 하나의 난관이 있었다. 로산진의 작품에 음식을 담은 사진이 필요했다. 사진은 음식을 만든 요리사와 그것을 촬영한 사진작가의 허락이 있어야 책에 실을 수 있었다. 박 선생과 나는 일본으로 건너가 요리사와 사진작가를 만나 부탁했다. 요리사는 대가 없이 게재에 동의를 해주었고 사진작가는 평소에 받는 금액의 반으로 해주었다

16세기 이전에 지구상에서 가장 첨단적인 기술은 도자기 만드는 기술이었다. 그리고 도자기의 종주국은 한국과 중국이었다. 한국 사기장인 내가 일본 도공 로산진을 소개하려는 이유는 한국 요리가 우리 도자기와 함께 세계 최고가 되기를 바라기 때문이다. 그것은 잃어버린 도자기 종주국의 영광을 되찾는 길이기도 하다.

자! 이제 우리는 이 책을 독자님께 시집보낸다.

신한균

프롤로그 2

세계적인 음식점 평가 잡지 『미슐랭 가이드』로부터 별점을 하나라도 부여받은 한국 음식점은 단 한 곳도 없다고 합니다. 물론 그 잡지가 절대적인 기준은 아니지만 별 하나를 받은 음식점이 도쿄에서만 백수십 곳이나 된다는 사실을 우리는 어떻게 받아들여야 할까요? 일본의 요리사 중에는 "그들이 어찌 내 요리를 평가한단 말인가. 내 음식점은 평가 대상으로 삼지 마라"고 하는, 어찌 보면 오만에 가까운 자존심을 가진 사람이 있다는 사실은 또 어떻게 이해해야 할까요? 이렇듯 지금 일본 요리는 세계인의 시선을 끌고 있으며, 또한 계속 진화 중입니다. 일본 요리를 세계 최고 수준으로 끌어올린 사람이 바로 기타오지 로산진입니다. 그는 요리를 맛으로만 즐기는 일차원적 개념에서 벗어나 요리, 그릇, 인테리어, 서비스 등이 하나의 예술이 되어야 한다는 생각과 신념을 가지고 고급 요릿집을 열었습니다. 그것이 전설적인 요정 호시가오카사료星岡茶寮, 도쿄에서 일으킨 혁명이었습니다. 그가 내걸었던 기치는 다음 두 가지입니다.

- 그릇은 요리의 기모노
- 그릇과 요리는 한 축의 두 바퀴

그는 요리의 반쪽을 찾아주었습니다. 지금으로부터 무려 90년 전인 1925년의 일입니다.

그가 만든 그릇은 피카소 같은 거장들로부터 극찬을 받았고, 식기로서는 상상도 할 수 없는 거액에 거래되며 독창성과 예술성을 인정받고 있습니다. 20만 점 이상의 도자기를 만든 인물이라는 점을 알고 나면 그의 요리와 그릇에 대해 더욱 궁금해집니다. 그에게는 자연스러운 일이 사람들에게는 '놀라운 일'이 되었습니다.

그것은 가장 외로운 사람이 지닌 가장 풍요로운 정신의 결과였습니다. 그는 몸뚱이 하나로 부딪쳤고 타협도 없었습니다. 그러다 보니 그에 대한 일본인들의 평가는 극명하게 갈립니다. 독설과 기행奇行 때문에 '20세기 최고의 망나니'가 되는가 하면, 가늠할 수 없는 방대한 세계를 지녔기에 '멀티아티스트'나 '천재'가 되기도 했습니다. 그가 사망한 지 50여 년, 일본인들은 점점 그를 닮아가기 시작했고, 이젠 그가 물려준 것을 즐기고 있습니다.

로산진은 욕심이 많았습니다. 그는 조선의 도자기와 가구,

김치를 좋아했고, 중국의 도자기와 전각, 일본의 도예 등 다양한 분야를 섭렵해 나갔습니다. 요리나 도자기만이 아니라 서예와 전각, 칠기, 디자인 등에도 도전한 그에게는 한계가 없었습니다. '위대한 아마추어'로 불리는 그는 천재라 할밖에 달리 말할 수가 없습니다.

로산진이 사망한 지 50년이 훨씬 지났습니다. 한 해에 몇 번씩 열리는 전시회에 관람객은 끊이지 않으며, 많은 작품을 소장한 미술관은 빈번한 대여 요청에 즐거운 비명을 지릅니다. 가이세키懷石* 요리로 유명한 교토와 도쿄, 나고야의 요정들은 로산진을 빼고는 논할 수가 없습니다. 도대체 왜 이들은 로산진에게 열광하는 것일까요? 가히쓰칸何必館·교토 현대미술관 관장인 가지카와 요시토모梶川芳友 씨는 말합니다.

"로산진의 삶은 한 편의 드라마다. 그는 깊은 상처를 가진 인물이지만 현대 일본 요리의 원점을 창조했다."

저에게 일본의 가장 인상적인 이미지 중 하나는 음식과 그릇의 어울림이었습니다. 도자기 중심의 다양한 그릇이 새삼 부러웠고, 일본에 도자기 문화를 전수한 한국인의 후예로서 너무나 착잡했습니다. 그러다 일본 도자 그릇의 한가운데 로산진이라는 인물이 있음을 알게 되었습니다.

오래전 교토에서의 일입니다. 이 책을 함께 기획하고 집필한 신한균 사기장과 함께 점심으로 일본 라멘을 먹기로 하고 조

---

* 원래는 일본 다도 모임, 즉 차회의 요리로 국 한 그릇과 반찬 세 가지(일즙삼채一汁三菜)의 소박한 요리였다. 양보다는 질을 중시하기에 반드시 제철 재료를 사용한다. 지금은 대중화되어 대표적인 일본 요리가 되었다. 일종의 코스 요리이다.

그만 식당을 찾아갔습니다. 가격이 500~600엔 정도 하는 평범한 라멘집이었습니다. 자판기에서 식권을 끊고 기다리는데 종업원이 다가와 벽 한쪽에 있는 진열장에서 라멘을 담을 사발을 고르라고 했습니다. 수십 개의 각양각색의 사발이 진열되어 있었습니다. 순간 '이게 대체 무엇인가' 하며 어리둥절했습니다. 충격이었습니다. 우리의 경우로 말하자면 분식집이나 몇 사람 앉지도 못하는 작은 식당에서 자기가 먹을 그릇을 선택하도록 하고 있었으니까요.

지금 우리에게 그릇이란 어떤 가치와 의미가 있을까요? 우리가 알고 있는 그릇들은 대개 정감 없는 플라스틱이나 스테인리스, 반듯하긴 하지만 단조로운 본차이나가 아닌가요? 특히 플라스틱은 정서적인 면을 떠나 유해성을 문제 삼지 않을 수 없습니다. 향수나 낭만으로 덧칠한 낡은 양은냄비로 끓인 라면에 대한 예찬이 요리의 건강성을 담보할 수는 없습니다. 현재 우리의 요리와 음식에는 우리의 그릇이 빠져 있습니다. 레시피는 차고 넘치지만 그것은 불완전한 레시피입니다. 그릇과의 조화를 통해 요리를 예술의 경지로 끌어올린 로산진을 알아가면서 우리의 요리와 그릇을 되돌아보게 되었습니다.

신한균 사기장과의 인연은 15년이 넘습니다. 그는 도예가로서 보기 드문 일본통입니다. 20여 년 동안 전시회 일로 일본을 오갔고 한때 체류하기도 했습니다. 그런 그의 마음에 로산진이란 인물이 오래전부터 강렬하게 들어와 자리 잡고 있었습니다. 저와 인연이 닿은 후 그는 로산진에 대한 연구가 필요함을 역설했습니다. 그것은 단순히 그릇만의 문제가 아니라 요리철학의 문제였습니다.

일본 요리를 예찬한 것도 아니고, 천부적인 감각을 지닌 인물을 부러워한 것도 아니었습니다. 우리의 현실을 돌아보는 이정표로서의 로산진, 거기에 우리는 공감했습니다. 해박한 도자기 지식과 풍부한 감성을 갖춘 그를 믿고 작업을 시작했습니다. 저작권과 관련해 매우 엄격한 일본에서 사진 자료를 구한다는 것은 쉬운 일이 아니었습니다. 신한균 사기장은 이 책의 집필 방향에 큰 시사를 주기도 했지만 풍부한 경험과 인맥으로 자료 수집에 결정적인 역할을 하였습니다. 그렇게 공동의 기획과 작업으로 이 책이 씌어졌습니다.

일본이 요리 영웅으로 치켜세우는 기타오지 로산진은 한 알의 씨앗이었습니다. 여기서 우리가 주목할 것은 로산진에게서 비롯된 풍성한 요리의 사계입니다.

이미 고인이 된 분도 있지만 작품 게재를 허락해주신 로산진의 장녀 기타오지 가즈코北大路和子, 손자 기타오지 도루北大路徹와 손녀 시라스 레이코白須礼子, 도쿄 세타가야世田谷 미술관, 귀한 사진을 싣도록 해주신 사진작가 시모무라 마코토下村誠, 조언을 해주시고 자료도 제공해주신 구로다 구사오미黑田草臣, 노무라野村 미술관의 다니 아키라谷晃 선생께 감사드립니다.

박영봉

차례

3. 일본의 진로가 결정되는 곳, 호시가오카사료

4. 거목, 천하를 얻다

5. 도예의 세계가 꽃피다

6. 미국과 유럽으로

7. 만년과 죽음

8. 로산진의 요리왕국

기타오지 로산진의 삶은 다이내믹하다.
활화산이라고 하면 적절한 비유가 될 수 있을까.
그런 역동적인 삶의 에너지는 대체 무엇이었을까?
예술적 기질, 예술적 감성이었다.

서도에서 전각으로, 전각에서 요리로,
요리에서 도자기 그리고 그림, 칠기로…….
버려진 아이가 천하를 얻기까지의 그 길을 따라가보면
그에게 예술의 장르는 의미가 없음을 알 수 있다.

전복 모양 이가 사발伊賀鮑大鉢, 로산진

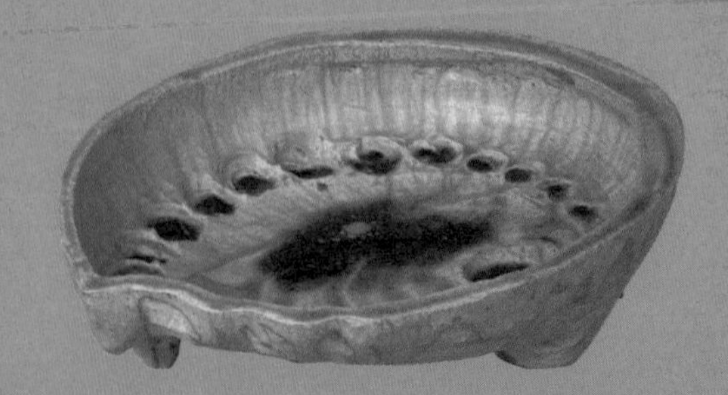

1

홀로서기

교토의 버려진 아이

기타오지 로산진은 1883년 3월 23일, 교토의 북부 가미가모上賀茂 신사 부근에서 유복자로 태어났다. 여섯 살 이전까지의 기록이 거의 없어 태어난 곳을 정확히 알 수는 없다. 신사 근처 샤케社家*들이 살던 곳을 보존해놓았는데 그 언저리가 아닐까 추측할 뿐이다.

차남으로 태어난 그가 얻은 이름은 기타오지 후사지로北大路房次郎. 아버지는 기타오지 기요아야北大路清操, 어머니는 도메登女였다. 아버지는 가미가모 신사—정확히 말하면 그 안에 있는 가모와케이카즈치賀茂別雷 신사—의 샤케였는데 로산진이 태어나기 세 달 전인 1882년 12월에 세상을 떠났다. 사인은 자살로 추정되지만 분명치는 않다.

●

* 신사에서 잡무부터 시작해 모든 사무를 보는 신관의 집안.

아버지는 생활이 어려워 샤케 외에 다른 일도 해야 했으며 어머니까지 일을 해야 했다. 아버지는 돈을 벌기 위해 집을 오랫동안 비우기도 했고, 그래서 가정 불화가 있다는 말들이 돌았다. 재혼이었던 어머니가 다른 남자의 아이를 뱄던 일이 아버지의 자살 이유로 거론되기도 한다.

가미가모 신사

샤케는 하사받은 토지를 경작하거나 그것을 농민에게 임대했다. 특별한 허물이 없으면 계속 세습되었기에 분명 가난한 계급은 아니었다. 그러나 1870년 전후로 일본 정부는 세습제를 폐지하고 샤케 임명을 국가가 하겠다고 선포했다. 그때부터 경제적 어려움을 호소하는 샤케가 늘어났는데, 로산진이 태어난 시기가 바로 그런 혼란기였다.

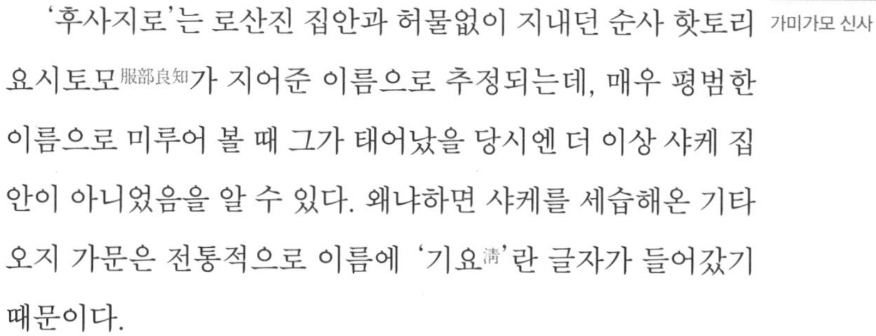

'후사지로'는 로산진 집안과 허물없이 지내던 순사 핫토리 요시토모服部良知가 지어준 이름으로 추정되는데, 매우 평범한 이름으로 미루어 볼 때 그가 태어났을 당시엔 더 이상 샤케 집안이 아니었음을 알 수 있다. 왜냐하면 샤케를 세습해온 기타오지 가문은 전통적으로 이름에 '기요淸'란 글자가 들어갔기 때문이다.

로산진은 양자로 들어가기 전에도 이 집 저 집 전전했다고 하는데 확인되지는 않는다. 분명한 것은 로산진이 태어나기 세 달 전에 아버지가 죽었고, 남의 집에 버려지다시피 양자로 갔다는 사실이다. 장자 우선 상속 때문에 당시 일본에서는 양자를 들이는 일이 흔하게 있었다. 로산진의 양자 입적이 최초로 확인되는 것은 태어난 지 5개월 후 요시토모의 집에 양자로 들어간 일이다.

그보다 앞서 요시토모 부부는 로산진의 어머니 도메의 부탁으로 로산진을 어느 농가에 보냈는데, 두 달이 지난 어느 날 아이를 보러 간 요시토모의 아내는 깜짝 놀라고 말았다. 아직 핏덩이였던 아이의 몰골이 말이 아니었던 것이다. 그대로 두다가는 목숨을 부지할 수 없을 것 같아 그녀는 그길로 아이를 데려와 입적시켰다. 그러나 불행하게도 얼마 지나지 않아 요시토모의 행방이 묘연해졌고, 두 달 후엔 로산진을 아껴주던 그의 아내마저도 병으로 죽고 만다.

요시토모가 살던 관사에 남게 된 사람은 양자로 들어와 있던 형과 누나, 그리고 로산진이었다. 요시토모가 죽었다는 확실한 증거가 없었으므로 그들은 관사에 계속 머무를 수 있었다. 그러나 시간이 흘러도 요시토모의 소식을 알 수 없자 경찰서에서는 결혼 적령기에 이른 형과 누나를 결혼시키고 형을 순사로 일하게 했다. 그들 모두 법적 부모를 잃어버렸으나 한 곳에서 같이 살 수 있도록 배려를 한 것이다. 그리하여 졸지에 젊은 부부, 즉 형과 누나가 한 살 정도 된 로산진의 부모가 되었다.

로산진이 다섯 살 되던 무렵, 아버지 역할을 하던 형이 정신이상으로 죽고 만다. 누나는 아이를 하나 낳은 상태였지만 더 이상 관사에 머물 근거가 없어졌다. 그녀가 두 아이를 데리고 갈 곳은 친정밖에 없었다. 하지만 남의 집에 딸을 양녀로 보냈던 그 집도 어렵긴 마찬가지였다. 게다가 그녀의 어머니는 피 한 방울 섞이지 않은 로산진을 좋아하지 않았다. 그래서 외손자만 호적에 올리고 로산진에게는 걸핏하면 회초리를 들었는데, 그때마다 했던 말이 '근본도 알 수 없는 놈'이라는 욕이었다.

할머니가 로산진을 학대한다는 사실은 얼마 지나지 않아 이웃으로 퍼져 주변에서 모르는 사람이 없을 정도가 되었다. 다행히 목판업을 하던 후쿠다 다케조福田武造와 그의 아내가 로산진을 정식 양자로 받아들였다. 그때 여섯 살이었던 로산진은 새로운 성을 얻어 후쿠다 후사지로가 된다.

이렇게 평범한 가정에 정착은 했지만 경제적으로나 인간적으로 생활이 크게 달라진 것은 아니었다. 그저 한 그릇의 밥이나마 끼니때마다 먹을 수 있게 된 것이 다행이라면 다행이었다. 로산진의 기억에 의하면 그 집은 방 하나에 주방 하나가 딸린 집이었는데 방은 낮에는 작업장, 밤에는 침실이 되었다. 이렇게 비좁은 공간에 십대 중반의 도제 한 명과 어린 로산진을 받아들인 것이 오히려 이상할 정도였다.

어쨌든 후쿠다의 양자가 된 것은 로산진에게는 소중한 인연이 되었다. 물론 그에게 양부모는 "단정하지도 못하고 건성으로 일하며 화투나 내기를 좋아했다. 처음부터 애정은 없었다"라는 회고처럼 좋지 않은 기억으로 남아 있지만 말이다. 그러나 긍정적으로 보면 후쿠다 부부는 로산진을 가혹한 생활로부터 구해주었고, 전각篆刻과 만나게 해주었으며, 미식에도 눈을 뜨게 해준 은인이었다. 훗날 친형이 죽고 자신이 기타오지 가문으로 되돌아갈 때, 자신의 장남으로 하여금 그 가문을 잇게 하는 등 양부모를 극진히 모신 것을 보면 로산진이 이 인연을 소중히 여겼다는 것을 알 수 있다.

로산진은 후쿠다 집안에 양자로 들어가면서 학교에 다니게 된다. 4년제인 우메야梅屋 심상소학교였다. 폐교된 지 오래되어 성적을 비롯한 각종 기록은 현재 남아 있지 않지만, 1893년도 졸업생 명부에는 후쿠다 후사지로라는 이름이 있다. 만년에 로산진이 이 모교에 작품을 기증하고 학생들에게 강의를 한 것을 보면, 전 생애를 통해 유일한 학교생활인 이때를 소중하게 여긴 것만은 분명하다.

로산진의 미식가로서의 면모는 후쿠다 집안의 양자 시절부터 나타나기 시작했다. 어린 로산진은 여러 심부름을 도맡아서 했고, 식사를 준비하는 것도 그의 몫이었다. 당시는 장작을 때서 밥을 하던 시절이었기에 식사 준비는 어린아이에게 버거운 일이었다. 그러나 로산진의 불 조절 솜씨는 양어머니를 놀라게 할 정도였다. 그는 등급이 낮은 좋지 않은 쌀이라도 이것저것을 섞고 불 조절을 잘하여 1등급의 밥맛을 내는 법을 금방 터득했다. 그가 만든 된장국은 같은 재료인데도 양어머니가 혀를 내두를 정도로 맛이 뛰어났다고 하니, 그때 이미 천부적인 미각을 가지고 있었다고 생각할 수밖에 없다.

미각은 빈부와 관계없다. 천부적으로 가지고 태어나는 것이다. 돈이 없어 형편없는 음식만 먹더라도 그 감각은 변하지 않는다. 학습이나 훈련과는 아무런 관계가 없다.

훗날 그가 했던 이 말을 입증한 셈이다. 나중에 채소나 생선 등을 준비하는 것도 그의 몫이 되었는데, 가게 주인들은 하나같이 좋은 식재료를 골라내는 로산진의 눈썰미에 놀랐다고 한

로산진의 그림
「추월도秋月圖」

다. 그때는 처음으로 가족이나 자기 존재의 의미를 느끼기 시작한 시절이었지만 어린아이에게는 가혹한 시절이었다.

쇠비름 같은 유전자

농촌에서 밭을 가꾸어본 사람이라면 한여름 뙤약볕 아래서 벌어지는 잡초와의 전쟁을 잘 알 것이다. 어디서 생겨나는 것인지 실뿌리 하나라도 남아 있으면 호미나 괭이로 김을 매고 매도 끝없이 돋아나는 것이 잡초다. 그중에서도 끈질기기로는 쇠비름을 따를 만한 것이 없다. 뿌리째 뽑아 훌훌 털어 뜨겁게 달구어진 대지 위에 팽개쳐도 쉬 생명줄을 놓지 않는 놈이 쇠비름이다. 쇠비름을 보면 로산진이 떠오른다. 유들유들하고 여유로운 겉모습부터가 그렇다. 환경에 적응하는 태도도 그렇고, 견디어가는 모습도 그렇다.

1893년 우메야 심상소학교를 졸업한 열 살의 로산진은 한약 도매상에 견습원으로 들어가게 된다. 집에서 500미터 정도 떨어진 점포였다. 당시 견습원 생활은 설날 같은 큰 명절 외에는 쉬는 날이 없을 정도로 어린이에게는 고된 것이었다. 견습

원 생활을 하는 목적은 혹독한 사회 체험을 통해 사회 적응력을 높이기 위함이다. 이른 아침의 청소나 가게 정리, 심부름, 약봉지 만들기, 주인의 딸이 외출할 때 동행하기 등이 주된 일이었는데, 누구보다 열악한 환경에서 자라온 로산진에게는 별로 어려운 일이 아니었다. 게다가 적은 액수였지만 용돈까지 받을 수 있었다. 그러나 무엇보다 외출을 많이 할 수 있다는 것이 로산진에게는 신나는 일이었다.

로산진이 견습원 생활을 했던 한약 도매상(1940년경의 모습)

일본의 고도 교토는 역사와 문화와 예술의 도시여서 볼거리가 많았는데, 이는 로산진에게 잠재해 있던 미적 감각을 일깨우는 자극제가 되었다. 특히 거리의 가게들에 걸린 간판이 그의 시선을 끌었다. 4년제 소학교에서 배운 것이라고 해야 간단한 한자와 산수 정도였지만, 특이하게도 그는 간판 글자에 빠져들기 시작했고 다가간 방법 또한 특이했다.

우선 거리의 간판 글자를 보면 몇 번이고 손가락으로 그리고 익혀 기억했다. 그리고 가게로 돌아와서 아궁이에 불을 땔 때 부지깽이로 글자를 쓰면서 익혔다. 대부분의 글자는 배운 적이 없어 읽을 수가 없었다. 물론 사전을 산다는 것은 엄두도 못 낼 일이었다. 그래서 고안해낸 방법이 신문을 활용하는 것이었다. 신문에는 한자에 일본식 발음인 후리가나를 달아놓았던 것이다. 로산진은 자신이 익힌 글자를 신문에서 찾아내 음을 알아나갔고 점차 뜻도 알아나갔다. 원시적이고 느린 방법이었지만 그로서는 최선의 방법이기도 했다.

이렇게 하여 로산진이 관심을 가지게 된 분야는 서도書道였으며, 이는 예술가로서의 첫걸음이기도 했다. 하지만 결과적으로는 그랬어도 처음부터 하고 싶었던 것은 서도가 아니었다. 그의 진정한 관심은 그림이었다.

1895년 로산진이 열두 살 때 교토에서 내국권업박람회가 열렸다. 산업 수준만이 아니라 예술과 문화 수준도 높이기 위해 열린 박람회였다. 이 박람회를 관람하느라 로산진은 1년 동안 견습원 생활을 해서 번 돈의 절반을 지불해야 했다. 로산진이 어떤 목적을 가지고 박람회를 보았다기보다는, 헤이안(교토의 옛 이름) 천도 1100년을 기념하는 큰 행사였기에 관심을 가질 수밖에 없었을 것이다.

어쨌든 이 박람회는 로산진에게 새로운 세상과 만날 수 있도록 해주었다. 그를 사로잡은 것은 일본을 대표하는 화가들의 그림이었다. 그중에서도 단연 다케우치 세이호竹內栖鳳의 그림이 인상적이었다. 세이호는 당시 서른 살밖에 되지 않았지만 이미 교토를 대표하는 화가가 되어 있었고, 지금의 교토예술대학에서 강의까지 맡고 있었다. 네 폭 병풍 「백소일수百騷一睡」는 활기차게 장난치거나 먹이를 찾아 먹는 참새들, 재롱을 떨고 있는 세 마리의 강아지들, 그리고 이제 막 졸기 시작하는 듯한 어미개를 그린 편안한 느낌의 그림이었는데, 지금까지 그림다운 그림을 본 적이 없던 로산진의 눈을 환히 열어주었다.

세이호의 집은 로산진의 집에서 그리 멀지 않은 곳에 있었다. 세이호가 태어나고 자란 곳은 '가메마사亀政'라는 작은 요리점이었다. 사방등을 이용한 간판에는 '亀政' 글자와 함께 거북 그림이 있었는데, 단 한 번의 붓놀림만으로 그린 간단하면서도 호쾌한 필치의 그림이었다. 로산진은 그 그림과 글씨가 너무나 좋아 그 앞에서 많은 시간을 보내며 화가의 꿈을 키워 나갔다. 하지만 현실은 세이호를 만나는 것조차 허락하지 않았다.

예술가로서의 첫걸음

비록 미술학교 진학과 화가로의 길은 가난으로 인해 가로막혔지만 서도는 붓 한 자루면 가능했다. 서도는 목판업을 하는 양아버지 후쿠다 다케조의 일과도 관련이 있었기 때문에 더욱 자연스러운 선택이 되었다. 로산진은 1년 정도의 견습 생활을 한 후 양아버지의 일을 돕기 시작했다. 양아버지 후쿠다는 욕심이 없는 사람이었다. 그는 남보다 많이 벌기 위해 경쟁하거나 돈을 모으기 위해 애쓰지 않았다. 하지만 근근이 이어오던 목판업은 로산진이 가세하면서 사정이 달라지게 된다.

양아버지의 일은 판자에 글자를 쓰거나 칼로 새겨 간판을 제작하는 일이었다. 어린 나이였지만 타고난 감각과 노력이 뒷받침된 로산진의 서도 솜씨는 금방 상당한 경지에 올랐고, 본격적으로 일을 시작한 지 채 한 달도 되지 않아 양아버지의 솜씨를 넘어설 정도가 되었다.

견습 시절에 다음과 같은 에피소드가 있었다. 로산진이 심부름을 다녀오다 길거리에서 지갑을 하나 주웠는데, 그 속에는 2엔이 넘는 돈이 들어 있었다. 견습원 1년 급여와 맞먹는 액수였다. 로산진은 자기보다 열 살 정도 많은 선배에게 그것을 어떻게 하면 좋겠느냐고 물어보았다. 선배는 이렇게 조언했다.

"지갑을 보니 부자가 분명해. 이 정도라면 그 주인에게는 큰 돈이 아닐 거야. 그리고 찾아줄 수도 없는 일이잖아. 나는 네가 그렇게 갖고 싶어하는 서예 도구를 샀으면 해. 물론 돈은 땀 흘려 벌어야 하는 것이지만, 올바른 일을 위해 쓴다면 남의 돈을 훔친 게 아니라고 봐."

로산진은 그렇게 해서 서예 도구를 살 수 있었고, 독학으로 서예를 시작했다. 로산진은 만년에 그 일을 회고하면서 그 선배를 '인생에서 처음으로 만난 스승'이라며 고마워했다.

실력을 갖춘 로산진이 가세하자 양아버지 후쿠다의 가게는 갑자기 평판이 좋아졌다. 그러자 양아버지는 로산진에게 모든 일을 맡기기에 이른다.

준비된 사람에게는 반드시 기회가 찾아오기 마련이다. 당시 교토에는 '일자 쓰기一字書き'라는 대회가 유행했다. '일자 쓰기'는 주최하는 신사나 전통 있는 상점에서 응모 용지를 구입하여 지정된 글자 혹은 스스로 선택한 글자를 써 응모하는, 상금이 걸린 대회였다. 시상은 천天 1명, 지地 2명, 인人 3명, 가작 4명을 선발해 가작에게는 50전, 천에게는 2엔의 상금을 주었다. 일용직 노동자 하루 품삯이 10전이었으니 누구나 입상 욕심을 내던 대회였다.

로산진은 일을 마치기만 하면 출제된 글자를 연습했다. 입상작을 참고해 열심히 혼자서 연습했다. 거리에 널린 오래된 간판 글자는 그의 선생이 되어주었다. 로산진은 놀랍게도 첫 응모 때 가작에 뽑혔으며, 꾸준히 응모한 결과 1년 후에는 드디어 천에 뽑히는 영광을 안게 되었다. 그 후 천·지·인에 드는 것은 로산진에게 쉬운 일이 되었다. '일자 쓰기'는 로산진에게 교토 거리의 뛰어난 간판 글자를 섭렵하는 계기가 되었다. 로산진은 간판 글자의 장점을 두루 취하여 틀에 박힌 서체가 아니라 개성이 살아 있는 서체를 만들었다. 이것은 로산진 예술의 한 분야인 전각의 토대가 되었다.

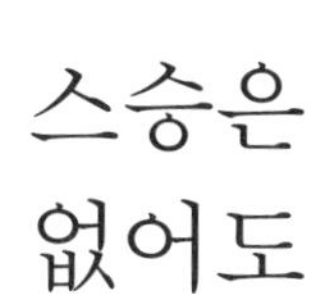

스승은 없어도

더 넓은 세상을 동경하는 것은 젊은이들의 본능이자 특권이다. 수도인 도쿄가 로산진에게는 그런 곳이었다. 스무 살의 로산진은 심한 근시로 병역을 면제받았고, 그의 특출한 솜씨 덕분에 목판업은 번창하고 있었다. 그때 기회가 찾아왔다.

어느 날 나카오지 야스中大路屋寸라고 하는 백모가 나타났다. 그녀는 로산진의 아버지가 죽은 후로 로산진을 쭉 지켜보고 있었으며, 이제 예순아홉이나 되어 언제 죽을지도 모르고 만약 그렇게 되면 진실을 말해줄 사람이 없다고 생각하여 이렇게 찾아왔다고 했다. 로산진은 그녀에게서 처음으로 자기 가족과 자신의 출생에 대한 이야기를 들었다. 그녀는 로산진이 가미가모 신사의 샤케 기요아야의 차남이며, 아버지는 예전에 죽었고 어머니와 형은 도쿄에 살고 있다고 했다. 그러면서 도쿄 교바시京橋에 시집간 자기 딸이 있는데, 거기에 가서 부탁하면 어머니의 행방을 알 수 있을 것이라고 했다.

그날 이후 로산진은 일이 손에 잡히지 않았다. 결국 그는 양아버지에게 양해를 구한 뒤 어머니를 만나기 위해 도쿄로 향했다. 백모의 사위 니와 시게마사丹羽茂正는 경제적으로 넉넉했고 친인척들을 잘 돌보아주었는데, 로산진은 그 집에서 지낼 수 있었다. 거기서 그는 형이 철공소에서 일하고 있고 어머니는 시조 다카토시四條隆平 남작 집에서 식모살이를 하고 있다는 사실을 알게 되었다. 그는 어머니와 만났던 때를 이렇게 회고했다.

그 집에 찾아갔을 때 어머니는 심부름을 나가고 없었다. 이윽고 어머니가 돌아왔는데 태어나자마자 헤어진 자식을 보고도 전혀 기뻐하지 않았다. 오히려 냉랭한 태도를 보였다. 왜 왔느냐는 듯한 표정은 무서울 정도였다. 어머니는 말없이 나가더니 기모노와 속옷을 사왔다. 한눈에 봐도 헌옷이었다. 그러고는 돌아가라고 했다.

어머니는 형편이 어려워서 냉랭하게 대할 수밖에 없었겠지만 이 일은 로산진의 마음에 커다란 상처로 남게 되었다. 그래도 소득은 있었다. 어머니를 기다리는 사이에 주인인 남작에게서 당시 최고의 서도가로 인정받던 구사카베 메이카쿠日下部鳴鶴와 이와야 이치로쿠巖谷一六를 만날 수 있는 소개장을 얻었던 것이다. 남작은 로산진이 어리지만 혼자서 서도를 공부한 것이 대견하여 아량을 베풀었던 것이다.

로산진은 곧장 예서隸書 글을 써 가지고 가르침을 받으러 갔다. 그들은 로산진이 쓴 글을 한번 보고서는 해서楷書부터 다시 공부하라는 말만 툭 내뱉을 뿐이었다. 로산진은 이해할 수 없었다. 그는 이미 해서, 초서, 전서 등을 모두 익혔다고 생각했기 때문이다. 대가라면 그것을 알 수 있을 터인데 아예 초심자 취급을 하자 기분이 무척 상했다.

다음 날 해서 글을 들고 가 보여주었다. 그러나 그들에게서 들은 말은 역시 실망스러울 뿐이었다.

"너의 해서 글씨는 형이 무너져 있어. 이것은 해서가 아니야. 이렇게 흔들림이 많아서야 이야기가 안 되지!"

로산진에 대한 조금의 인정도 없는 말이었다. 하긴 듣도 보도 못한 약관의 애송이가 혼자서 익힌 서체를 당당하게 내보였으니 어쩌면 당연한 반응이었는지도 모른다. 로산진은 이해할 수 없었고 불만스러웠지만 다시 써 갔고 역시 혹평을 들어야 했다. 훗날 로산진은 이때를 이렇게 회고했다.

로산진의 글 昨日雨今日晴

> 나는 마침내 대가들에게 가르침을 받게 되었지만 그들을 만족시킬 수 없었다. 지금 생각해보면, 소위 대가라는 사람들의 이야기는 실로 유치했다. 세상의 많은 사람들이 기교적으로만 관찰하고 외형만을 중시한다. 서도가의 글도 마찬가지다. 그러다 보니 옛날엔 모르겠지만 적어도 근대에는 글다운 글이 없다. 그들은 왜 정해진 틀만을 고집할까? 한마디로 말해 그들에게는 예술이 없기 때문이다.

도쿄에 온 목적은 어머니를 만나기 위함이었지만, 더 넓은 세상에서 서도를 공부하고 싶다는 바람도 있었다. 하지만 얻은 것이 아무것도 없었다. 그는 대가의 제자가 되기를 포기했다. 다행히 백모의 사위 시게마사가 로산진을 위해 서도교실 겸 하숙을 얻어주었다. 시게마사의 영향력 때문인지 제법 많은 학생들이 수강하여 생활해 나가는 데에는 문제가 없었다.

1904년 스물한 살 때 로산진은 제36회 일본미술전람회에 천자문千字文을 써서 출품하기로 결심한다. 이 미술전람회는 당시 일본 최고의 권위를 가진 대회였고, 서도가로 이름을 얻기 위해서는 반드시 거쳐야 하는 관문이었다. 로산진은 대담하게도 예서에 도전했다. 그는 메이카쿠와 이치로쿠의 말을 기억하고 있었다.

"글이란 모양이 중요하다. 같은 서체를 끝없이 반복하여 연습하지 않으면 안 된다. 예서는 해서나 초서 등을 충분히 익힌 후에 완성할 수 있는 것이다."

교토 거리에서 살아 있는 서체를 연마해온 로산진은 그들의 대전제에 도전하기로 마음먹었다. 이는 수개월 동안의 피나는 노력으로 이어졌다.

결과는 놀라웠다. 우승자 다섯 명 안에 로산진이 뽑힌 것이다. 그는 그때를 이렇게 회고했다.

대회가 끝나고 대회장에 가보니 내 작품이 걸려 있었다. 나도 놀라고 같이 갔던 사람들도 놀랐다. 2, 3일 후에 다시 가보니 내 작품이 팔렸다는 표시가 붙어 있었다. 게다가 매수자는 궁내대신이었다.

약관의 젊은이가 대부분 오십대를 넘긴 수상자들을 제치고 최고로 인정받은 것이다. 일본 서도 역사상 처음 있는 일이었다. 비록 최종 등수는 두 번째였지만 궁내대신이 구입했다는 사실은 최고작임을 입증하는 것이었다. 더욱 재미있고 놀라운 것은 최종 심사위원이 그를 애송이 취급했던 메이카쿠와 이치로쿠였다는 사실이다. 그 어떤 승리보다 값진 것이었다.

줄탁동시啐啄同時라는 말이 있다. 병아리는 걷고 뛸 수 있는 능력을 갖추었다. 껍데기를 깨고 세상으로 나오려 하지만 아직 부리가 약하다. 아무리 쪼아대도 껍데기가 깨질 기미가 보이지 않는다. 이때 어미가 밖에서 껍데기를 쪼아 세상으로 나오는 통로를 열어준다. 로산진에게는 어미 닭이 없었다. 변죽만 울려대는 세상에서 스승을 포기하고 그는 당당히 홀로서기를 시작한 것이다.

더 넓은 세상을 향하다

인쇄문화에 변화가 생겼다. 직접 글을 새기는 목판인쇄가 오랫동안 이어져온 전통이었지만, 주조활자에 의한 활판 인쇄술이 활성화되면서 목판인쇄는 차츰 밀려나기 시작했다. 청일전쟁과 러일전쟁을 거치면서 소식을 빠르게 전하기 위해 발달한 신문을 필두로 변화가 시작된 것이다. 이미 서도만으로는 안 되는 시대가 되었고, 아이들을 가르쳐서 먹고사는 것은 호구지책일 뿐이었다.

스물두 살의 로산진이 서도를 더 배우고 싶어 찾아간 사람이 바로 오카모토 가테이岡本可亭였다. 가테이가 유명하기도 했지만 그의 글씨에 안진경顔眞卿 체의 분위기가 있었기 때문이다. 로산진은 당나라 때 기존의 서체에 반기를 들면서 서도의 혁신을 추구한 안진경을 좋아했다. 훗날 로산진이 사용한 로케이魯卿라는 이름에 '경卿' 자가 들어간 것도 이런 이유 때문이다.

로산진의 예서와 해서 글씨를 본 가테이는 흡족해하며 그를 제자로 받아들였다. 로산진도 가테이의 인품을 좋아했고, 가테이도 로산진을 따뜻하게 대해주었다. 가테이 역시 어린 시절 부모를 잃고 형에게 의지하면서 산전수전 다 겪은 비슷한 경험을 가지고 있었다.

제자가 되면 스승으로부터 호를 받아 사용했는데, 로산진은 '가이쓰可逸'란 호를 받아 후쿠다 가이쓰라는 이름으로 글을 썼다. 그로부터 얼마 지나지 않아 가테이보다는 가이쓰를 지정해 들어오는 주문이 더 많아졌다. 그래도 가테이는 전혀 불쾌하게 여기지 않고 진심으로 제자의 성공을 바랐다. 그만큼 가테이는 후덕한 인물이었다. 로산진은 가테이 집안과 평생 좋은 관계를 유지했는데, 특히 가테이의 손자이며 화가인 오카모토 다로岡本太郎와는 각별한 사이로 지냈다.

로산진은 어떤 서체, 어느 서도가의 글씨라도 금방 똑같이 쓸 수 있는 능력을 가지고 있었다. 그와 생활을 같이 해본 사람들의 말에 의하면, 어떤 서체든지 그것을 그대로 써내는 데에는 하루의 시간이면 충분했다고 한다. 이는 형태를 베껴내는 것이 아니라, 글씨에 들어 있는 이치를 직관적으로 파악했기 때문에 가능한 것이었다.

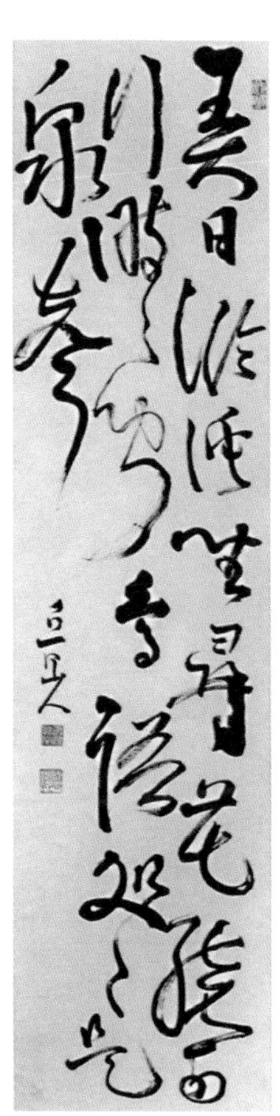
로산진이 쓴 행서 작품

약 2년 후인 1907년, 스물네 살의 로산진은 후쿠다 오테이福田鴨亭란 이름을 받아서 도쿄 교바시에 '서도교수書道教授'라는 간판을 내걸고 독립한다. 다음 해 3월경 야스미 다미安見タミ를 아내로 맞이하고, 여름에는 장남 오이치桜一가 태어난다.

로산진의 솜씨가 뛰어나다는 소문은 주문으로 이어졌고 수

입도 제법 많아졌다. 이때부터 로산진은 서도에 필요한 문방사우나 연적, 필통뿐만 아니라 화로나 주전자 등을 살 때 명품만을 고집했다. 그는 고미술품의 진가는 유리 너머로는 아무리 보아도 알 수 없으며, 곁에 두고서 만져보아야만 알 수 있다고 확신했다. 그래서 그는 명품을 구입하거나 고미술품을 구입하는 데 아낌 없이 돈을 썼고, 그것들에 대한 안목과 관심을 높여 나갔다.

일본이 청과 러시아와의 전쟁에서 승리함으로써 중국과 조

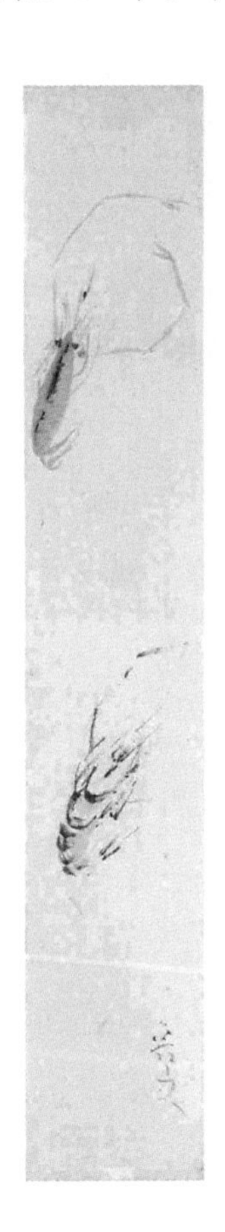

로산진의
글과 그림들

선으로부터 우수한 문방사우와 명품 도자기, 가구 등이 대량으로 유입된 것도 로산진으로서는 반가운 일이었다. 로산진이 살았던 곳이 긴자와 니혼바시의 중간 지점이라 그런 것을 볼 기회가 많았다.

로산진이 자주 다니던 서점으로 쇼잔도松山堂라는 대형 서점이 있었다. 이 서점의 사장은 로산진의 글씨를 좋아해 출판물 글씨를 맡기기도 했는데, 이때 로산진은 사장의 딸 후지이 세키藤井せき를 알게 된다. 로산진은 늘씬하고 풍만한 몸매에 대단한 미인인 세키에게 마음을 송두리째 빼앗기고 만다. 그는 아내인 다미에게서는 여성적인 매력을 느끼지 못하고 있었다. 예술과 요리에 거의 흥미가 없고 육아에만 매달리는 아내는 싱싱한 아름다움이 묻어나는 세키로 인해 이때부터 관심 밖으로 밀려나기 시작한다.

1910년경, 아내가 둘째를 임신했지만 로산진은 점점 가정으로부터 멀어져갔다. 그는 자유로운 영혼을 지닌 데다 상대를 배려하는 성격이 아니었다. 비싼 서예 도구를 구입하는 것을 못마땅해하는 아내를 이해할 인물도 아니었다. 중국이나 조선으로 공부하러 가겠다는 걸 아내가 허락하지 않자 그는 결국 몰래 조선으로 떠나기로 마음먹는다.

한편 로산진의 어머니는 나이가 들어 식모살이를 그만두었으나 의지할 데가 없었다. 로산진의 형이 있었지만 몸이 약해 어머니는 조선에서 기관수로 일하고 있던 로산진의 이부異父 형에게 의지하기로 했다. 그 말을 들은 로산진은 조선통감부(후에 조선총독부가 됨)에 자리를 잡고 있던 친구로부터 일자리가 있다는 편지를 받고는 지체 없이 집을 떠났다. 어머니와 함께 조선으로 건너간 것이다.

서도를 공부할 생각이었기에 로산진이 애초 마음에 둔 곳은 조선이 아니라 중국이었다. 한데 중국은 신해혁명 직전의 어지러운 상황이라 할 수 없이 조선으로 가게 되었다. 조선에서 잡은 직장은 조선통감부 인쇄국이었다. 처음에는 서류 정리 일을 맡았으나, 곧 서도 솜씨와 업무 능력을 인정받아 통감부에서 중앙의 사령부로 전달하는 보고서를 최종 기록하는 일을 맡게 되었다. 그 일은 한가한 업무여서 개인 시간이 많았다. 그는 서도뿐 아니라 비석 글씨, 전각에도 관심을 가지기 시작했고, 귀국할 때는 이미 전각에 크게 매료된 상태였다.

로산진이 늘 곁에 두고 참고했던 우창숴의 글씨

로산진은 이 시기에 조선의 가구가 지닌 아름다움과 김치의 맛에 빠져들었는데, 김치는 그가 죽을 때까지 즐긴 음식이기도 했다. 또한 한반도에 널려 있던 옛 가마터 답사를 통해 조선 도자기에 대해서도 깊은 인상을 가지게 되었다. 그로부터 약 20

년 후 로산진은 도자기를 본격적으로 연구하기 위해 다시 조선을 방문하게 된다. 훗날 도예가로서 그는 다음과 같이 말했다.

"조선에서의 생활은 여러 가지 깨달음을 주었는데, 훗날 도자기에 대해 흥미를 갖도록 해준 것이 그중의 하나이다."

전각에 빠진 그는 귀국하는 길에 청 말기 전각의 대가인 우창쉬吳昌碩를 만나기 위해 상하이에 들르기도 했다. 우창쉬는 서화와 전각 등 여러 분야에 조예가 깊은 인물로, 일본의 많은 서예가와 화가는 그가 새긴 인장이나 낙관을 갖고 싶어했다. 로산진은 당대 최고의 대가인 그를 직접 찾아가 예술의 길을 물었다. 우창쉬는 이 열정적인 젊은이에게 진심 어린 가르침을 주었고, 헤어질 때는 자신의 화첩과 '간운고학間雲孤鶴'이라는 인장을 선물로 주기까지 했다. 간운고학은 그 무엇에도 개의치 말고 대자연처럼 의연하게 나아가라는 말이다. 고난의 삶 속에 시, 서, 화, 전각 등 다양한 분야를 섭렵하고 그 존재감을 알린 우창쉬와 로산진은 여러 면에서 닮은꼴이었다.

청년 미술학도여!

그대들이 스승으로 우러러보고 가르침을 받으려고 한다면

적어도 2백 년, 3백 년 전의 예술에 주목하라.

아니, 더 오래된 1천 년, 2천 년 전의 작품으로 눈을 돌려보라.

선대의 예술가들이 천지를 어떻게 꿰뚫고 자연의 미묘함을

얼마나 잘 알고 있는지, 도리에 어긋나지 않는 솔직한 아름다움을

어떻게 창조했는지를 보라. 도자기로 말하자면 유약이 없던

시대의 기능과 정신에 주목하라는 것이다.

—로산진

2

거침없는 주유

식객 생활,
온몸이 촉수였다

1912년 2년여의 조선 생활을 끝내고 도쿄로 돌아온 로산진은 이듬해 이름을 후쿠다 다이칸福田大觀으로 바꾸었다. 그리고 서도교실을 운영하면서 요정과 상점의 간판이나 유액, 편액을 제작하며 생계를 꾸려나갔다. 이때 그는 교토에 있던 아내와 두 아들을 불러 같이 살았다.

그러나 서른 살의 로산진은 생계만 이어가는 생활에 만족할 수 없었다. 그는 역마살 낀 운명을 가진 사람처럼 세상을 주유하기 시작했다. 식객 생활을 시작한 것이다. 식객 생활은 재능과 인내, 뚜렷한 목적의식을 갖추고 있어야 가능하다. 그리고 이는 가난한 예술가에게 자신의 존재를 세상에 알릴 수 있는 기회이기도 했다. 한편 부와 인격, 예술적 감각을 갖추고 재능 있는 예술가들을 식객으로 둔 사람들은 많은 정보를 얻을 수 있었다.

로산진의 전각 간판 七本鎗

로산진의 첫 식객 생활은 1913년 시가 현 나가하마長浜에 있는 가와지 도요키치河路豊吉의 집에서 시작되었다. 후지이 세키의 아버지와 사업 거래를 하던 사람이라 인연이 맺어졌다. 도요키치는 부유한 상인으로 문학이나 서화 골동에 관심이 많았다. 로산진의 서첩과 낙관을 본 도요키치는 단박에 후원자가 되었고 그를 식객으로 받아들였다.

로산진은 귀국 후 반년 정도 지난 시점에서 그렇게 식객 생활을 시작했다. 당시 일본을 대표하는 양대 화가로는 다케우치 세이호와 요코야마 다이칸横山大觀이 있었다. 이런 상황에서 서른 살의 젊은이가 대담하게 다이칸이란 이름으로 나타났다. 전각의 작품성, 당시로서는 큰 편인 175센티의 키에다 패기 있는 성격은 도요키치를 사로잡았다.

도요키치는 다다미 12장짜리 방과 함께 용돈을 제외한 모든 것을 제공했다. 로산진으로서는 좋아하는 일을 누구의 간섭도 받지 않고 즐겁게 할 수 있었다. 도쿄를 떠나 나가하마로 갈 때 전각과 낙관을 확실히 하겠다는 결심이 있었기에 식객 시절은 로산진에게 더욱 의미 있는 시간이 되었다. 그는 다양한 목재를 사용해 간판을 만들어보았으며, 기술적으로 많은 깨달음을 얻었다. 가로 273센티, 세로 77센티의 입체감 넘치는 대작 '淡海老鋪'는 이때 제작한 것이다.

도요키치 집에서 거둔 또 다른 수확은 많은 미술 애호가들과의 교류였다. 식객을 둘 정도의 경제력과 예술적 취향이 있는 사람이라면 많은 예술가들이 모여들기 마련이다. 로산진은 좋은 술과 뛰어난 요리를 즐기며 다양한 방면의 정보를 빠르게

로산진의 전각 간판
淡海老鋪

접할 수 있었다. 다도구에 대한 이야기, 앞으로 도자기 시대가 올 것 같다는 예측도 이때 들었다. 이런 식객 생활에서는 훗날 그의 꼬리표가 되었던 '유아독존' '독설가'의 면모는 전혀 찾아볼 수 없었다. 오히려 날카롭고 예리한 촉수로 모든 것을 받아들이고 소화한 로산진이 있었다.

도요키치의 점포 가까운 곳에 오랜 역사를 지닌 건물이 하나 있었다. 지금도 나가하마를 대표하는 건축물인 안도가安藤家였다. 안도 가문은 도요토미 히데요시로부터 자치권을 얻은 열 가문 가운데 하나였다. 당시 주인이었던 안도 준조安藤順造는 별채의 디자인을 로산진에게 전적으로 맡겼다. 별채의 편액 '小蘭亭'뿐만 아니라 문, 벽, 천장의 문양과 글씨가 지금도 고스란히 남아 있다.

도요키치의 예상대로 거기에 모인 예술가들은 로산진의 개성 있는 서체와 전각 솜씨에 탄성을 질렀다. 예술가뿐만 아니라 경제적으로 성공한 유명 인사들도 로산진의 지지자가 되어 갔다. 도요키치는 그중에 시바타 겐시치柴田源七라는 인물을 로산진에게 소개해주었다. 겐시치는 은행장을 역임하고 상업으로 성공을 거둔 과묵한 사람이었다.

겐시치 집에서 식객 생활을 할 때 로산진은 화가의 꿈을 꾸게 했던 마음의 스승 다케우치 세이호를 만날 수 있었다. 겐시치의 장남과 결혼한 여자의 아버지가 세이호였던 것이다. 로산진은 세이호를 만나기 전 모든 간판 작업을 중단하고 며칠 동안 틀어박혀 세이호의 낙관 제작에 몰두했다. 세이호를 만난 그는 마치 스승을 만난 것처럼 깍듯이 예를 표했고, 어린 시절 본 세이호의 그림과 세이호 집안이 운영하던 요리점 '가메마사' 이야기를 하면서 자신의 마음을 드러냈다. 그리고 최근에 쓴 글과 낙관을 보여주었다. 그러자 세이호가 물었다.

"정말 대단한 작품인데 스승이 누군가? 이런 서체를 가진 사람은 본 적이 없는 것 같군."

"저에게는 스승이 없습니다. 소학교 교육이 제가 받은 교육의 전부이고 혼자서 공부했습니다."

3년간 가테이의 문하에 있긴 했지만, 로산진의 서체는 배웠

로산진의 편액 小蘭亭

로산진이 디자인한 방

다기보다는 스스로 만들어낸 것이었다. 세이호의 놀라움은 컸고, 그는 곧 열 개의 낙관을 주문했다. 그 후 세이호는 제자들의 낙관도 맡겼다. 이렇게 로산진이 세이호를 위해 제작한 낙관만도 16종에 85점이 넘었다. 1941년 세이호가 사망할 때까지 두 사람은 절대적인 신뢰 관계를 맺게 된다.

로산진의 식객 생활에서 빼놓을 수 없는 인물이 나이키 세이베에內貴淸兵衛이다. 거상 집안의 장남으로 태어난 세이베에는 아버지가 선거로 뽑힌 초대 교토 시장이었다. 그는 아버지에게서 물려받은 사업을 동생에게 물려주고 독자적으로 사업을 해서 재력을 쌓았다. 한시와 불교 미술, 한학에 정통했으며, 특히 대단한 미식가에다 풍류남아였다. 당시의 재력가들이 그랬듯 세이베에도 예술을 즐겼으며 경제력을 바탕으로 많은 예술가들을 지원했다.

세이베에는 불상, 중국 도자기, 불기, 벼루, 다도구 등 미술품에 대한 안목이 넓고 깊었다. 일본 문화의 근간이 되는 와비·사비 정신의 다도는 고미술품을 통하지 않고는 느끼기 어려운데, 로산진이 이런 문화에 대한 이해의 싹을 틔운 것은 세이베에와 만난 이 무렵부터였다.

일본 불상의 아름다움은 사실적 묘사에 있지 않다. 일본 불상은 미의 집합체이며 극한의 미다. 프랑스에 그림을 배우러 가는 사람은 이것을 잊고 있다. 분명히 프랑스에는 일본에 없는 색깔이 있겠지만, 일본의 미를 모르고 남의 것을 추구하는 것은 문제다.

로산진이 훗날 잡지 『세이코星岡』에 불상과 불화를 소개하고 이런 미학을 전개한 것에는 이때 만난 세이베에의 영향이 컸다고 볼 수 있다.

조선에서 돌아온 후 1년이 지난 1913년 8월경, 시바타 겐시치의 호의로 로산진은 교토에 집을 얻어 아내와 두 아들을 불렀다. 하지만 자신은 교토의 북부 라쿠호쿠洛北에 있는 세이베에의 별장에서 주로 시간을 보냈다. 아내와 사이가 좋지 않았고, 간판 작업에는 민가에서 떨어진 곳이 편했기 때문이다.

거기에서 주로 작업했던 것은 전각 작품이었다. 로산진의 전각 간판 중에 '淡海老鋪'와 더불어 2대 명품으로 꼽히는 것이 '柚味噌'인데, 세이베에가 의뢰한 작품이었다. 이들 해서체 작품은 강렬한 힘을 발산하고 있다.

로산진의 전각 간판
柚味噌

전각 외에 세이베에의 마음을 사로잡은 것이 로산진의 요리와 미각이었다. 미식가였던 세이베에는 많은 시간을 들여가며 맛있는 요리를 찾아다녔다. 그는 요리점의 음식을 그리 높게 평가하지 않았다. 할 수 없이 배달을 시키는 경우에도 음식이 마음에 들지 않아 버리는 일이 허다했다. 친구들은 비싼 요리를 버린다고 면박을 주곤 했다. 세이베에는 직접 요리를 하려고 벼르고 있었고 이러던 차에 로산진이 등장한 것이다.

어느 날 로산진은 손도 안 댄 배달 요리를 간단히 만져 세이베에 앞에 내놓았다. 그것을 먹어본 세이베에는 그 발상과 솜씨에 단번에 반하고 말았다. 로산진이 사이쿄즈케西京漬け*를 요리해주었을 때는 이렇게 말하기도 했다.

"정말 놀랄 일이야. 도대체 요리사도 아닌 친구가 어찌 이런 맛을 낼 수 있지? 이건 '효테이瓢亭'에서도 내지 못하는 맛인걸!"

극찬이었다. 효테이는 교토에서 가장 유명한 요정이었던 것이다.

이런 식객 생활은 최고급 요정 호시가오카사료를 탄생시킨 또 하나의 요람이 되었다. 로산진은 세이베에를 위해 요리했고 세이베에는 적극적으로 이를 지원했다. 거기에 모인 예술가들은 그림이나 서도보다 로산진의 요리 이야기로 더 많은 시간을 보낼 정도였다. 요리를 예술로 생각하던 세이베에는 로산진의 요리 탄생에 중요한 역할을 한 인물이었다.

1915년, 로산진은 식객 생활의 대미를 장식해줄 사람을 만나게 된다. 그는 로산진의 삶에 가장 큰 영향을 미친 호소노 엔다이細野燕台였다. 그와의 만남은 요리와 그릇의 만남을 상징하는 것이기도 하다.

●
* 생선을 토막 내어 된장에 절인 음식.

인연,
호소노 엔다이

1914년 어느 날 도요키치가 후쿠이 현 사바에鯖江에 사는 구보타 보쿠료켄窪田卜了軒을 로산진에게 소개했다. 고미술상을 경영하던 보쿠료켄은 예술에 관심이 많았고, 특히 골동 감식안이 수준급이었다. 그는 로산진을 누나가 경영하는 요리여관 '아즈마야東屋'에 머물게 하면서 간판 작업을 할 수 있도록 배려했다. 로산진이 아즈마야에 머문 지 한 달이 지났을 때 보쿠료켄의 오랜 친구인 호소노 엔다이가 찾아왔다.

보쿠료켄은 엔다이에게 교토에서 유명한 전각가가 와 있으니 한번 만나보라고 권했다. 그러나 아직 로산진에 대한 소문을 듣지 못했던 엔다이의 반응은 미지근했다. 당시 그는 전각가라면 가와이 센로河井荃廬나 구와나 데쓰조桑名鐵成 정도는 되어야 한다고 생각했다. 그러나 보쿠료켄이 맡아 가지고 있던 전각 인보를 보자 그의 표정이 달라졌다. 서체는 어디에서도 볼 수 없던 새로운 것이었고 힘이 넘쳤다. 그중에는 다케우치 세이호의 낙관도 있었다. 또한 당시 세인들의 입에 오르내리던 화제의 간판 '吳服' 이야기도 엔다이의 호기심을 자극했다. 전각 간판 '吳服'은 가로 417센티, 세로 96센티의 대단히 큰 작품이었다. 안도 집안에서 운영하는 나카무라 합명회사의 번영을 기원하며 만든 것으로, '吳' 자는 천년을 사는 거북 모양으로, '服' 자는 만년을 사는 학 모양으로 새겼다고 한다.

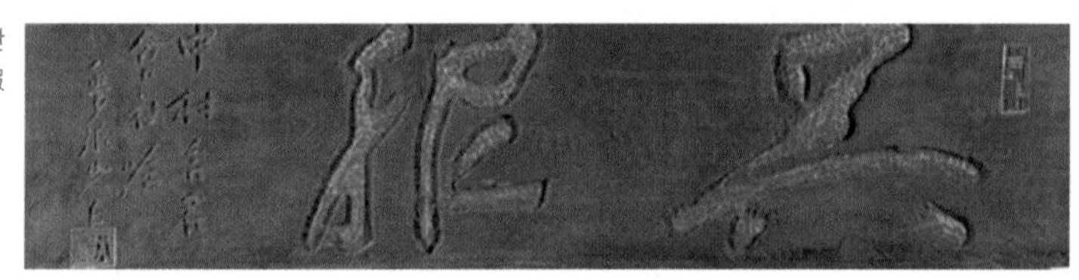

로산진의 전각 간판
吳服

마침내 로산진은 엔다이의 고향 가나자와金澤로 이끌려가게 된다. 1872년에 태어난 엔다이는 사업가로서 시멘트와 석유, 중국 청자 등을 수입해 팔았고 양조장을 경영하기도 했다. 그러나 한학자였던 아버지의 영향으로 그는 어릴 때부터 사서오경과 논어를 공부했다. 또한 양명학과 중국 문학을 연구하기도 했으며, 차인茶人이며 골동 애호가이기도 했다. 또 늙어서는 별명이 '취옹醉翁'일 정도로 아침부터 저녁까지 술을 곁에 두고 즐긴 애주가였다.

1915년 한여름, 무더위를 뚫고 로산진은 마지막이 될 식객 생활을 위해 가나자와로 갔다. 엔다이는 로산진을 귀한 손님으로 맞이했다. 엔다이는 낡고 철 지난 로산진의 옷을 새것으로 바꿔주었으며, 2층 방 하나를 비워 작업실로 제공했다. 식객 생활은 호의호식한 만큼 상대방에게 뭔가를 주어야 하는 것이 불문율이었지만, 엔다이는 하고 싶은 전각이나 마음껏 해보라고 할 뿐 원하는 것이 없었다.

엔다이는 로산진의 전각 공부를 돕기 위해서 가나야마 쇼카쿠金山從革를 소개해주리라 마음먹었다. 쇼카쿠는 전각을 직접 하지는 않았지만 심미안이 보통이 아니었다. 한학과 금석학에 능통했으며, 양명학 연구를 하면서 엔다이와 교우 관계를 맺고 있었다. 당시 교토를 대표하는 두 전각가라면 가와이 센로와 구와나 데쓰조였는데 데쓰조를 길러낸 사람이 바로 쇼카쿠였다.

로산진은 엔다이와 함께 쇼카쿠를 방문했다. 정치에 입문하여 승승장구하던 쇼카쿠의 태도는 거만했다. 로산진은 그걸 직감했고, 쇼카쿠도 빳빳하게 보이는 젊은이가 마음에 들지 않았다. 엔다이로부터 로산진의 전각 솜씨가 뛰어나다는 얘기를 들은 쇼카쿠가 지나가는 말처럼 물었다.

"구와나 데쓰조를 아는가?"

"본 적도 없고 알지도 못합니다."

이 대답에 쇼카쿠의 표정이 일그러지고 말았다. 자기가 키워낸 유명한 인물을 모른다고 하니 자존심이 심하게 상했던 것이다. 그는 로산진이 신출내기라는 사실을 확인한 듯이 빈정대며 물었다.

"그러면『비홍당 인보飛鴻堂印譜』를 본 적은 있는가?"

『비홍당 인보』는 청나라 중기에 왕계숙汪啓淑이 펴낸 책으로 전각 공부를 위한 교과서 같은 책이었다. 엔다이는 로산진이

로산진이 제작한
인장 및 인영

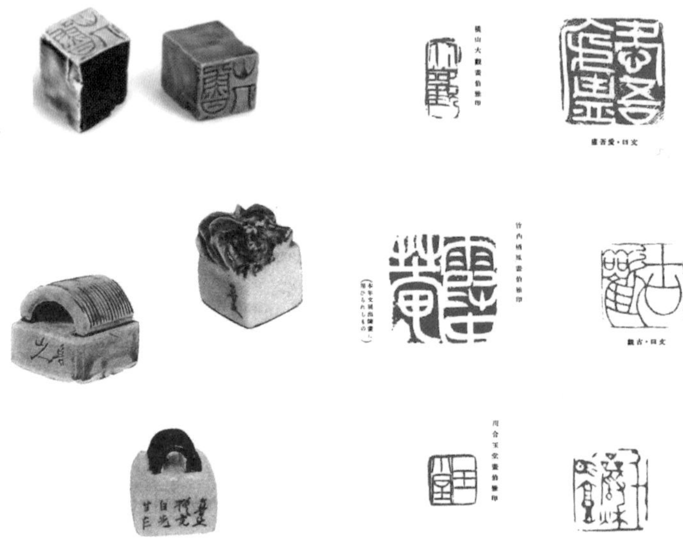

그 정도는 당연히 보았을 거라고 생각했지만 로산진은 본 적이 없다고 대답했다.

"허허, 그대가 진정 전각을 하는 사람이 맞는가? 데쓰조에게 가서 도장 새기는 법이나 배우도록 하게."

로산진은 한심하다는 듯 혀를 차는 쇼카쿠를 뒤로하고 엔다이의 집으로 되돌아왔다. 지난날 서도의 대가들이 그랬던 것처럼 로산진은 정해진 과정을 충실히 밟으라는 말은 절대로 듣지 않았다.

그 일로 엔다이와 로산진은 서로에게 미안한 마음을 가졌고, 로산진은 엔다이를 위로하기 위해 전각 간판을 만들었다. 그래서 탄생한 것이 간판 '堂堂堂'이다. 엔다이는 중국 북송 시대의 시인 소동파가 항저우 서호 부근에 정자 '亭亭亭'을 짓고 풍류를 즐긴 것을 늘 부러워했다. 그래서 간판 이름을 그와 비슷하게 '堂堂堂'이라 지은 것이다. 보쿠료켄에게서 로산진을 소개받았지만 직접 작품을 받은 적이 없던 엔다이가 그 전각 간판을 보고 만족스러워한 것은 당연했다. '堂堂堂'은 훗날 두 사람의 불화로 엔다이가 톱으로 낙관 부분을 잘라버린 에피소드가 있는 작품이기도 하다. 당시 엔다이가 주체할 수 없이 화가 났음에도 작품을 보존했다는 것은 그 작품성이 어느 정도였는지 알 수 있게 하는 대목이다.

로산진의 전각 간판 堂堂堂

열 살 정도의 나이 차이가 있었지만 두 사람은 친구 같았다. 그들은 아침부터 저녁까지 술을 마시며 이야기를 나누곤 했다. 엔다이의 학식과 예술과 문화에 대한 깊은 이해는 로산진을 사로잡았다. 엔다이의 사업은 아버지 대부터 해오던 것이라 자리가 잡혀 있었다. 그리하여 그는 많은 시간을 한학과 서화와 골동 감상, 시 짓는 일에 쏟을 수 있었다. 그러다 보니 로산진과 같이 보낼 시간도 많았다.

엔다이가 로산진에게 또 하나 중요한 존재인 까닭은 그가 식도락가라는 사실 때문이다. 엔다이는 요리에 까다로운 만큼 식기도 시중에서 산 것을 쓰지 않았다. 그는 식기를 비롯해 술병, 꽃병, 다도구 등 자신이 사용하는 모든 도자기를 가마에 주문하여 만들었다. 주문만 하는 것이 아니라 자기 취향에 맞게 디자인하거나 전서 혹은 예서로 글을 넣기도 했다. 칠기나 다탁 등 목기를 유명 점포에 주문할 때도 자필 시문을 써넣었다.

엔다이의 예술관은 철저히 실용에 바탕을 두고 있었다.

도자기도 글도 생활이 녹아 있지 않으면 아름다움이 없다. 결국 실용의 아름다움을 추구하는 것이 창조의 기본이다.

이런 엔다이의 생각에는 앞으로 로산진이 이루어낼 요리 혁명의 핵심이 고스란히 들어 있다. 엔다이와의 만남은 로산진의 삶에서 전환점이 되었다. 엔다이를 통해서 배움이 정리되었고, 요리와 그릇의 만남이 완성되었던 것이다. 전각가 기타무로 난엔北室南苑이 쓴 엔다이 전기(『雅遊人 細野燕台』)는 약 3분의 2가 로산진과 관련된 이야기로 채워져 있다. 그녀는 이렇게 썼다.

엔다이는 로산진의 인생을 바꿔놓은 사람이다. 가슴속에 마그마 같은 재능이 끓고 있던 로산진과 그 재능을 간파하는 능력을 지녔던 엔다이의 만남은 절묘한 타이밍에 이루어졌다.

로산진의 청춘과 야마시로

가나자와에서 그리 멀지 않은 이시카와 현 가가 시加賀市 야마시로山代는 1300여 년의 온천 역사가 있는 곳이다. 그러나 그곳은 역사에 비해 자그마하고 한적한 시골이다. 엔다이가 로산진을 이곳으로 데려온 이유는 유서 깊은 여관이 많았기 때문이다.

로산진이 전각 작업을 했던 야마시로에 있는 로산진 구쿄아토 이로하 초암 魯山人寓居跡いろは草庵

엔다이가 처음 소개해준 사람은 온천여관 '요시노야吉野屋'를 운영하는 요시노 지로吉野次郎였다. 지로는 엔다이가 쓴 여관 간판을 걸고 있었는데, 엔다이는 자기 것을 내리고 대신 로산진에게 간판을 받아 걸라고 했다. 그렇게 해서 로산진이 야마시로에서 만든 첫 작품이 '吉野屋'이었다. 지로는 로산진의 솜씨를 보고서 별장으로 사용하던 곳을 아예 작업장으로 제공했다. 2002년 10월 가가 시는 로산진이 작업하던 이 건물을 보수하여 로산진 기념관으로 꾸며놓았다. 바로 로산진 구쿄아토 이로하 초암魯山人寓居跡いろは草庵이다. 전각 간판 '吉野屋'을 본 사람들은 앞다투어 로산진에게 간판을 주문했고, 1915년 겨울 로산진은 그곳에서 전각 간판 '白銀屋' '田中家' '山下家' 'くらや' 등을 제작했다.

로산진의 전각 간판
吉野屋

야마시로에는 구타니요九谷窯가 있었다. 지금 4대째 이어오고 있는데, 처음 가마를 박을 당시에는 엔다이와 친분이 두터운 스다 세이카須田菁華가 운영하고 있었다.

일본에서 도자기 가문은 적어도 10대 이상 이어와야 명함을 내밀 정도로 오래된 곳이 많다. 구타니요는 세이카가 1890년 스물여덟 살 때 가마를 박았으니 경력으로만 보면 햇병아리인 셈이었다. 세이카는 도자기에 그림 그리는 일을 하면서 도자기와 만나게 되었으며, 주로 그림이나 문양이 있는 도자기를 실험하곤 했다. 남색 무늬의 도자기 소메쓰케染付, 붉은 무늬의 도자기 아카에赤繪, 고구타니古九谷 도자기, 고이마리古伊万里 도자기, 중국 청화백자를 실험함은 물론이고, 오가타 겐잔尾形乾山, 아오키 모쿠베이青木木米, 에이라쿠 호젠永樂保全 등 도자기 명인들의 작품도 잘 이해하고 소화해냈다.

로산진이 엔다이의 소개로 제작한 간판 '菁華'는 세이카를 사로잡기에 충분했다. 그는 로산진이 자신의 작업장에 들어오는 것을 흔쾌히 수락했다. 작업장은 초벌구이가 된 기물에 그림 그리는 사람들과 물레 돌리는 사람들로 가득했지만 차분한 분위기였다. 로산진으로서는 난생처음 보는 광경이었다. 세이카는 로산진에게 초벌구이가 된 접시에 글을 써보라고 했다. 하지만 제대로 될 리가 없었다. 계면쩍어하는 로산진 때문에 한바탕

엔다이의 간판 글씨

야마시로에 있는
세이카 가마의 전시판매장.
로산진이 작업하고 있는
사진이 놓여 있다.

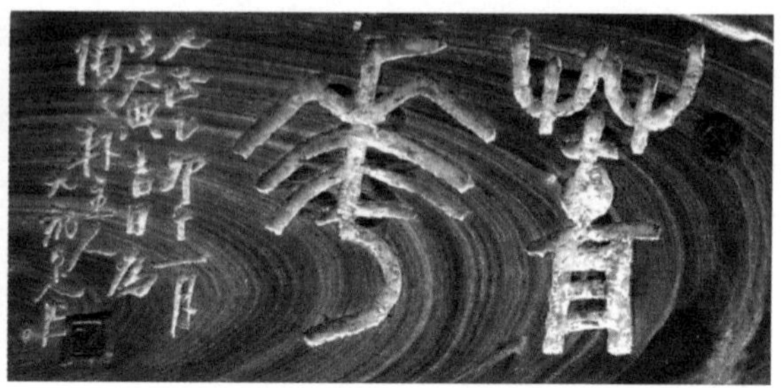

로산진의 전각 간판 菁華

웃음이 터져나왔지만 오래지 않아 로산진의 붓놀림은 그들을 매료시켜버렸다.

로산진에게 세이카의 가마는 새로운 세상이었다. 그는 직접 도자기를 만들어보고 청화백자에 그림을 그려보기도 했다. 엔다이와 세이카의 해박한 도자기 지식에 로산진은 늘 감탄하곤 했다.

세이카의 가마 구타니요는 엔다이가 식기를 비롯해 다도구, 꽃병 등을 주문 제작하던 곳이었다. 엔다이의 식탁과 구타니요는 요리와 그릇의 조화를 이미 이루어내고 있었던 것이다.

구타니요는 도예가 로산진에겐 고향과 같은 곳이었다. 1921년 자신의 첫 요리점 '미식구락부'에서 사용할 식기를 주문 제작한 곳도 이곳이며, 기타카마쿠라北鎌倉에 자신의 첫 가마를 박을 때도 이 가마를 모델로 했다. 훗날 로산진은 세이카에게서 도자기를 처음 배웠다고 말했다. 세이카는 도자기에서 로산진의 스승이었던 것이다.

요리의 날개 돋다

로산진의 미각에 대한 생각은 이러하다.

> 미각이라고 하는 것은 빈부와는 관계가 없다. 그것은 태어나면서부터 가진 감각이다. 돈이 없어 맛없는 음식을 먹는다고 해서 미각이 변하는 것은 아니다. 아무리 좋은 재료를 주어도 미각이 없는 사람은 진정한 요리인이 될 수 없다.

로산진의 천재적 요리 감각은 타고난 것이었다. 앞서 언급했듯이, 여섯 살 무렵 양부모인 후쿠다 부부를 흡족하게 했던 밥하는 솜씨나 된장 끓이던 감각은 미각을 타고났다는 말 외에 달리 설명할 도리가 없다. 눈칫밥 먹으며 살아남기 위한 노력의 결과로 볼 수는 없는 것이다. 게다가 시장 상인들도 인정했던 그의 식재료 고르는 감각은 또 무엇으로 설명할 수 있을까.

후쿠다는 가난했지만 나름대로 미식가였다. 그것도 인연이라면 인연이었다. 후쿠다는 비싼 멧돼지 고기를 특히 좋아했다. 자주 먹지는 못했지만 돈이 생기면 즐겨 찾곤 했다. 고기 심부름을 했던 로산진은 금방 맛있는 부위를 식별할 줄 알게 되었다.

집이 가난해 고기를 사더라도 조금밖에 살 수 없었다. 심부름을 가면 정육점 앞에서 주인이 자르는 고기를 보며 오늘은 어떤 부위를 줄 것인가 비상한 관심을 가졌다. 한 근 값에도 못 미치는 돈을 가지고 맛있는 부위가 돌아오기를 엉뚱하게 기대하기도 했다. 그러니까 나는 열 살 무렵에 멧돼지 고기의 풍미를 깨닫고 있었다.

세이베에의 식객 시절에 요리로 눈길을 끌었음은 이미 말한 바이다. 곧바로 이어진 엔다이의 식객 시절에는 아예 자청해 엔다이 가족의 식사를 책임졌다. 요리의 정성, 그릇과의 어울림을 중시했던 식도락가 엔다이도 로산진이 차려준 요리에는 늘 만족스러워했다.

가나자와에 오타 다키치太田多吉라는 요리사가 있었다. 당시 62세로 다도구와 고미술품에 일가견이 있었다. 특히 그는 젊은 시절에 차인으로 이름 있던 하라 고잔原吳山에게서 가이세키 요리를 배웠다. 스물일곱 살쯤 독립한 그는 가나자와에 요정 '야마노오山の尾'를 열었는데, 그의 요리 솜씨는 당시 미식가로 널리 알려진 미쓰이 물산 사장이며 센노 리큐千利休 이후 최고의 차인으로 알려진 마스다 돈노益田鈍翁, 이노우에 카오루井上馨 등을 매료시켜 일약 혼슈 북쪽 호쿠리쿠北陸 지방의 영웅이 되었다. 요리 가격도 도쿄나 교토의 최고급 요정과 맞먹었다.

1916년 1월 초 로산진은 다키치와 친분이 있는 엔다이와 함께 '야마노오'를 찾아갔다. 엔다이뿐만 아니라 야마시로에서 만난 스다 세이카와 요시노 지로도 다키치를 찾아가볼 것을 적극 권한 바 있었다.

까다롭고 급한 성격의 다키치와 무뚝뚝한 성격의 로산진을 다 아는 엔다이로서는 지난번 쇼카쿠를 만났을 때처럼 되지 않을까 걱정스러웠다. 그때처럼 감정이 상해 돌아간다면 정말 난처한 일이 아닐 수 없었다.

드디어 식사가 끝났다. 다키치는 요리에 대한 감상을 듣고 싶어했다.

"대단히 훌륭한 요리입니다. 그러나 뛰어난 교토 요리에 비해 깔끔한 맛이 덜하고 단맛이 강한 것 같습니다. 가가의 간장은 단맛이 강합니다. 이 요리에는 어울리지 않는 것 같습니다."

로산진은 대담하게도 솔직한 자신의 감상을 얘기했다. 가나자와 제일의 요리사에게 요리 전문가도 아닌 서른세 살 애송이가 문제점을 지적한 것이다. 엔다이가 놀란 것과는 달리 다키치는 유쾌한 표정을 지었다.

"솔직해서 좋군. 그리고 대단한 미각을 지녔어. 사실 틀린 말이 아니네."

예순이 넘은 노련한 요리사는 로산진의 지적을 인정했다. 그러면서 진심 어린 조언을 해주었다.

"요리를 그저 맛있게 먹으면 된다고 생각해서는 곤란해. 먹는 것은 인간 생활에서 가장 중요한 거야. 우리가 서화 골동을 감상하는 것도 배가 불러야만 가능하지 않은가. 요리는 예술의 멋진 동반자인 셈이지."

이심전심이었을까, 생면부지의 젊은이에게서 자신과 유사한 기운을 느껴서일까, 다키치는 그가 소중히 여기던 오가타 겐잔의 그릇으로 요리를 즐기며 로산진과 여러 이야기를 나누었다. 그러던 중 고에쓰光悅가 만들었다는 아카라쿠 다완赤樂茶碗을 보여주었는데, 로산진은 요리를 먹는 것도 잊고 다완에 정신을 빼앗겨버렸다. 놀라운 것은 그 모습을 본 다키치가 옆에 있던 종이로 다완을 둘둘 싸더니 "그렇게 맘에 들면 가져도 좋네" 하고 그 자리에서 주어버렸다는 사실이다. 하코가키箱書*나 출처에 따라 다르지만, 당시 고에쓰의 다완 한 점은 지금 가격으로 치면 수천만 원에서 1억 원을 호가하는 물건이었다. 그러나 가격보다도 이 일화를 통해 우리는 다키치가 로산진을 처음부터 얼마나 마음에 들어했는지 알 수 있다.

이후 다키치는 로산진에게 '야마노오' 주방을 개방했다. 언제든 필요할 때 와서 요리 공부를 해도 좋다고 허락한 것이다. 여기서 로산진은 가가 요리의 진수를 익히고 그릇 사용법과 연출법을 본격적으로 연구하기 시작했는데, 그것은 그가 '미식구락부'를 열 때까지 계속되었다.

1932년 다키치가 79세를 일기로 사망했을 때 로산진의 조

●
* 도자기를 담는 오동나무 상자에 그 도자기의 이름이나 소유자 등을 기록한 것.

사弔辭를 보면 다키치의 도움이 얼마나 컸는지를 알 수 있다.

"내가 그로부터 입은 은혜는 산보다 높고 바다보다 넓습니다. 나는 오늘 부모를 잃은 심정입니다."

이때 로산진은 이미 타고난 감각에다 다키치의 도움과 자신의 노력을 더해 일본의 요리 영웅이 되어 있었다.

로산진은 오케스트라 지휘자였다. 재료를 고르는 데서부터 요리, 그리고 손님들이 음식을 즐기게 되는 클라이맥스까지, 그의 연출과 지휘는 감동적이었다.

프랑스의 전설적인 요리사 오귀스트 에스코피에(Auguste Escoffier, 1846~1935), 그는 독일 황제 빌헬름 2세가 "나는 독일의 황제지만 그대는 요리의 황제일세"라며 극찬했던 인물이다. 평범한 시민으로서는 최초로 프랑스 레지옹 도뇌르 훈장을 받은 에스코피에는 이렇게 말했다.

"손님이 '두 시간 동안 이 식탁은 나의 왕국이다'라고 느끼도록 할 것이며, 손님이 어떤 사람이건 주방에서는 독실한 신자들에게 미사를 집전하는 신성한 사제의 마음으로 요리를 생각할 일이다."

로산진과 에스코피에는 다르지 않았다.

3

일본의 진로가 결정되는 곳, 호시가오카사료

정착 그리고 시작

로산진의 세상 주유는 서도가와 전각가로 그의 이름을 널리 알리고, 도자기와 요리라는 화두를 잡게 했다.

그러는 동안 집안에 몇 가지 일이 있었다. 1913년 로산진의 형이 서른세 살로 사망한다. 그리고 다음 해에 로산진은 아내 야스미 다미와 이혼을 한다. 조선으로 가기 전부터 아내에게서 마음이 떠난 데다 이미 후지이 세키라는 젊은 여성과 사랑에 빠져 있었기 때문이다. 장남이 자식도 없이 죽자 어머니는 차남인 로산진이 기타오지 가문을 잇기를 바랐다. 그때부터 로산진은 기타오지라는 성을 사용했는데, 정식으로 가문의 상속이 이루어진 때는 어머니가 사망한 지 2년 후인 1922년경이었다.

1916년 1월 서른세 살의 로산진은 도쿄에서 세키와 결혼식을 올렸고, 신혼여행을 겸하여 야마시로와 가나자와로 가서 한 달 정도 머물렀다가 도쿄로 돌아왔다. 그 후 아내 세키를 도쿄에 두고 교토와 호쿠리쿠 지방을 오가는 생활을 했다. 간판 작업은 재료가 크고 무거워 주문받은 현지에서 작업하는 것이 수월하며, 로산진 스스로 점포의 위치와 풍광을 고려해 작업하는 특성을 가지고 있었던 것이다. 그 와중에서도 빼놓지 않았던 것이 가나자와 '야마노오'에서의 요리 공부였다.

당시에는 경기가 좋아서 상인이나 기업가 등이 고미술품에 관심이 많았고 거래도 활발했다. 거래가 늘어나자 가짜가 나돌기 시작했고, 감정이 중요한 분야로 떠올랐다. 그래서 시작한 일이 고미술 감정이었다. 로산진은 간판 제작을 하면서도 고미술 감정에 많은 시간을 투자했다. 이미 가나자와에서 엔다이, 세이카, 다키치 등으로부터 고미술을 배웠고, 명품들을 보면서 감정에 자신감을 가지고 있었다.

사실 로산진이 감정을 시작한 계기는 더 많은 명품을 보고 싶었기 때문이다. 감정을 시작하자 찾아다니지 않아도 작품이 스스로 와주었다. 감정료마저 들어오니 로산진으로서는 꿩 먹고 알 먹기였다.

이름이 제법 알려지자 고미술 감정소로는 감당하기가 어려웠다. 그래서 2년 후에 도쿄 교바시에 '다이가도大雅堂 예술점'을 개업했다. 그곳에서는 감정만 한 것이 아니라 좋은 물건을 사거나 팔기도 했다. 그는 고미술품과 함께 다케우치 세이호, 하시모토 가호橋本雅邦 등 당대 유명 화가들의 작품도 거래했다. 이때 동참한 사람이 나카무라 다케시로中村竹四郎였는데, 그는 로산진을 만나 인생의 부침을 극명하게 겪게 되는 사람이다.

나도 원래 미술을 좋아했지만 로산진에게서는 미술에 대한 특이한 감각과 힘을 느꼈다. 나도 거기에 동참하고 싶어졌다. (중략) 자단목 탁자에는 늘 신선한 꽃이 꽂혀 있었고, 양배추 잎이 깔린 고구타니풍의 그릇에는 질 좋은 쇠고기나 장어가 먹음직스레 놓여 있었다. 그것을 요리하여 먹으면 맛은 물론 그 모양이 나를 감격하게 했다.

이 둘의 만남은 나중에 도쿄의 심장부에 등장할 전설적인 요정 호시가오카사료의 시작이기도 했다. 다이가도 예술점은 로산진의 타고난 예술 감각과 다케시로의 고객관리 능력이 더해져 점점 번창해갔다. 이때가 로산진의 인생에 찾아온 첫 호경기였다. 경제적 여유가 생기자 그는 가마쿠라에 집을 얻어 이사했다. 장남을 데려와 두 번째 아내와 함께 살게 했고, 나이가 많은 양부모도 모셨다. 이후 양부모는 로산진의 보호 아래 여생을 보내게 된다.

인생에서 처음 누려보는 여유였지만 오래가지 못했다. 1차 세계대전이 끝나자 세계 경제가 급속히 위축되었고 일본 또한 그것을 피할 수 없었던 것이다. 예술품 거래가 뜸해지고 본업인 전각 주문도 현저히 줄어들었다. 개점휴업과도 같은 날이 계속되자 다케시로는 새로운 길을 모색한다. 그것은 로산진에게서 발견한 재능으로부터 출발한다.

미식구락부

미식을 추구하고 예술 취향이 비슷했던 두 사람은 동업을 하는 동안 많은 요리점을 찾아다니곤 했다. 다케시로는 이때 로산진의 요리와 요리철학에 빠져들었고, 그가 재능을 썩히고 있는 것을 너무도 안타깝게 여겼다. 로산진은 항상 식재료에 비상한 관심을 가지고 있었으며, 팔려고 진열해놓은 옛 도자기에다 요리를 담아내오기도 했다. 그러자 점점 그의 요리를 찾는 사람들이 늘어났다. 사람들이 놀라고 즐거워하는 모습을 눈여겨본 다케시로는 그것을 놓치지 않았다.

1921년 어느 날, 다케시로가 로산진에게 제안한다.

"지금 아무리 경기가 좋지 않다고 하지만 사람은 먹지 않고는 살 수 없소. 당신 솜씨라면 얼마든지 사람을 끌어모을 수 있을 게 분명하오."

한마디로 요리점을 내자는 것이었다. 1921년 그들은 다이가도 예술점에서 이름이 바뀐 다이가도 미술점의 2층을 요리점으로 꾸미고, 당시 신문에 인기리에 연재되던 소설의 제목인 '미식구락부美食俱樂部'를 간판으로 내걸었다. 미식구락부의 출발은 요리사 로산진의 본격적인 데뷔이기도 했다.

미식구락부에서는 회원제로 식권을 발행했으며 점심과 저녁에 식사를 할 수 있었다. 로산진은 두 명의 보조와 함께 요리를 맡았고, 다케시로는 세 명의 여종업원과 함께 손님을 상대했다. 로산진은 전날 아무리 술에 취하더라도 새벽 5시면 어김없이 일하는 아이를 데리고 시장에 나가 생선과 채소를 골랐다. 자전거를 이용하는 요리사들이 많았지만, 덜컹거리면 재료가 상할 염려가 있기 때문에 이를 금지했다. 그는 점포에 있던 고급 도자기를 식기로 활용해 손님들을 즐겁게 해주었다. 손님이 식기를 마음에 들어 하면 즉석에서 팔기도 했다.

로산진은 식객 생활과 가나자와의 '야마노오'에서 익힌 솜씨, 타고난 미각으로 미식구락부 회원들을 점점 새로운 요리세계로 이끌었다. 회원이 늘어나자 요리에 어울리는 식기가 부족해졌다. 로산진은 계속 같은 그릇을 사용하는 것이 마음에 들지 않았다. 그는 "매일 똑같은 그릇으로 먹는 것은 개나 고양이다"라는 생각을 가지고 있었다. 그러나 도쿄에서는 로산진의 마음에 드는 그릇을 찾을 수가 없었고, 그렇다고 주문할 곳도 마땅치 않았다.

결국 로산진은 멀리 떨어진 야마시로의 세이카를 찾아가 접시, 사발, 찻사발, 잔, 술병 등 15종의 그릇을 주문했는데, 각 종류별로 크기와 모양, 문양과 색채를 달리한 그릇을 무려 네 가마 분량 500점 이상을 주문 제작했다. 비싼 가격—현재의 한화로 환산하면 6, 7천만 원—을 치르면서 직접 식기를 주문한 경우는 그때까지 로산진이 처음이었다. 세이카 또한 이런 엄청난 양의 그릇을 주문받은 것은 처음이었다. 로산진의 능력을 알고 있었기에 그는 흔쾌히 주문에 응했다.

물레 작업 중인 로산진

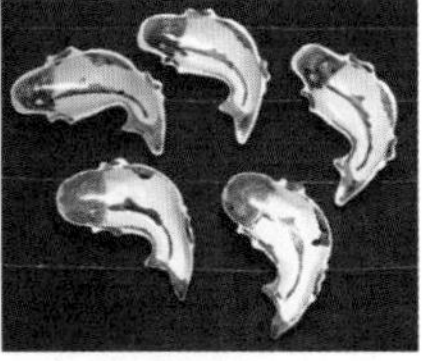

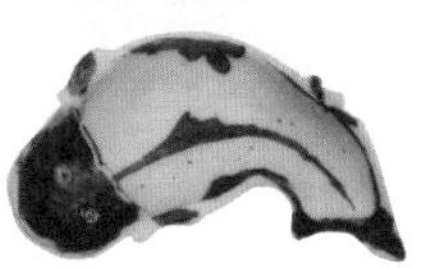

당시 로산진이 제작했던 무코즈케

로산진의 본업이 요리로 바뀌고 있었다. 아니, 삶이 본 궤도에 올랐다고 해야 할 것이다. 최고의 재료와 그릇을 사용하는 미식구락부는 정치가, 소설가, 의사, 변호사 등 도쿄 인텔리들의 화젯거리가 되었다. 회원은 귀족원 의장인 도쿠가와 이에사토德川家達를 비롯해 200여 명이나 되었다. 미식구락부는 화려한 곳이 아니면 거들떠보지도 않던 상류계급의 행동양식마저 바꾸어버렸다. 작은 요리점에 불과했지만 사람들은 로산진의 요리와 그릇이라는 마법에 걸려버린 것이다.

문제는 느긋하게 식사를 즐겨야 할 공간이 너무 좁다는 점

이었다. 그곳은 손님을 한꺼번에 20여 명밖에 받을 수 없었다. 그래서 고안해낸 것이 예약제였다. 지금이야 보편적이지만 예약제를 일본에서 처음으로 시도한 사람이 로산진이었다.

호사다마라 했던가, 아니, 최고급 요정이 탄생하기 위한 진통이라고 하는 게 맞을 것이다. 1923년 9월 간토 지방을 강타한 대지진이 도쿄를 잿더미로 만들어버렸다. 미식구락부도 그것을 피할 수 없었고, 건물은 거의 붕괴 직전에 이르렀다. 하지만 "인간을 감동으로 이끄는 요리는 하나의 훌륭한 예술이다"라는 철학을 가진 로산진에게 이미 중독된 사람들은 그를 내버려두지 않았다. 그해 말 로산진은 시바 공원芝公園 안에 있던, 지진 때 불타고 남은 건물에 미식구락부를 다시 열었다.

그러나 이 미식구락부는 실패하고 만다. 우선 가격이 문제였는데, 다케시로가 이전의 경험에 고무되어 가격을 너무 높여버린 것이다. 당시 보통 크기의 방 월세가 10엔, 국립대학 수업료가 75엔 정도였는데, 그는 10매의 식권을 25엔(약 150만 원)에 판매했다. 그리고 급하게 마련한 건물이다 보니 요리예술을 즐길 수 있는 분위기가 조성될 수 없었다. 거기에 대지진으로 어수선한 사회 분위기도 실패에 한몫했다.

그러나 실패는 로산진을 좌절시킨 것이 아니라 오히려 불을 댕기게 했다. 그는 모든 것을 쏟아부어 '요리왕국'을 세우려 했다. 대표적인 지원자였던 세이베에는 무모하다고 만류하고 엔다이는 적극 찬성하는 가운데, 일본 최고급 요정은 시작된다.

호시가오카사료는 종합예술

로산진과 다케시로는 미식구락부의 문제점과 사람들의 기대를 잘 알고 있었고 실마리를 어떻게 풀어야 할지도 대략 알고 있었다.

우선 최고급 요리에 어울릴 장소를 마련해야 했다. 다행히 귀족원 의장을 비롯해 도쿄 시장까지 미식구락부 회원이어서 장소를 찾는 일에 그들의 도움을 받을 수 있었다. 히에日枝 신사 경내 숲속에 있는, 귀족들의 사교회관으로 사용되던 건물을 빌릴 수 있었다. 건물은 지금의 아카사카赤坂에 있었다. 1884년에 준공된 고급 건물이었지만 수년간 사용하지 않아 나무와 정원석이 제멋대로였고, 잡초도 무성하여 황폐했다.

그러나 가장 크고 시급한 문제는 자금 조달이었다. 기존 건물이 최고급이었기에 보수와 수리 비용도 많이 들었으며, 적어도 5천 점 이상의 그릇에다 70여 명의 종업원들 인건비가 필요 호시가오카사료가 있던 곳. 2차대전 때 미군의 공습으로 파괴된다.

했다. 로산진과 다케시로는 발족자금 총액 3만 엔—당시의 1엔을 지금의 한화로 환산하면 약 6만 원이므로 18억 원 정도임—을 목표로 진행하다가 뒤에 5만 엔으로 높여 잡았다. 그리고 회원을 갑종과 을종으로 나누어 갑종은 1인당 500엔에 50명, 을종은 100엔에 50명으로 정하고 모금에 나섰다. 갑종 회원이 되면 발기인 자격을 주며, 연이자 1할을 포함해 추첨순으로 원금을 상환하고, 회비 영구 무료의 특전을 준다고 홍보했다.

많은 사람들이 자금에 대해 걱정했다. 특히 세이베에는 3만 엔에 달하는 자금을 회원을 통해 조달하는 것은 불가능하다며 극구 로산진을 만류했다. 그런 규모의 요정은 들어본 적도 없을뿐더러 로산진이 그런 면에서는 초보자였기 때문이다.

하지만 로산진과 다케시로는 흔들리지 않았다. 다케시로가 자금 조달을 위해 동분서주하는 동안, 로산진은 자신의 글과 전각을 팔았고 중국의 우창숴와 왕이팅王一亭 등에게서 소개받아 구입했던 우수한 문방구도 팔아 자금에 보탰다. 그래도 그들이 가장 기댈 곳은 인적 재산이었다. 그들에게는 이미 미식구락부를 통해 신뢰를 얻은 기존 회원들이 있었다. 두 사람은 그들이 얻은 건물이 원래 귀족 전용 시설인 점을 이용해 "호시가오카사료를 통해 부흥한다"라는 슬로건을 내걸고 동참을 유도했다. 그 시설에 회원이 있었던 것도 도움이 되었다. 이에사토 귀족원 의장이 갑종 회원 10명분을 예약하며 제1호로 등록하자 많은 인사들이 줄을 이었다. 1924년 가을, 무난히 목표액을 채우고 본격적인 공사에 들어갔다.

건물 디자인은 로산진이 맡았다. 그는 건물의 원형을 살리면서도 요리를 즐길 수 있도록 개조 작업을 진행했다. 정원과 차실茶室을 비롯해 모든 공간의 인테리어와 디자인은 로산진의 머리에서 나왔다. 늘 새들의 노랫소리가 들린 숲속의 호시가오카사료는 당시로서는 상상을 초월하는 규모와 시설이었다. 복잡한 코스 요리를 시켜도 한꺼번에 백여 명의 손님을 받을 수 있을 정도였다. 1931년 신관을 증축할 때는 일본 요정 최초로 모든 방에 냉방시설을 갖추기도 했다. 뿐만 아니라 방음시설을 갖추어 손님의 사생활을 보호하는 세심함까지 보였다. 건물 안과 밖의 시설과 디자인은 경이로움과 감동을 불러일으키는 종합예술이었다.

그릇 5천 점을 준비하다

다음은 그릇이었다. 로산진은 미식구락부를 뛰어넘을 호시가오카사료에 딱 어울리는 그릇을 찾아보았다. 그러나 아무리 둘러보아도 실용성과 미를 갖춘 그릇을 찾을 수 없었다. 어떤 그릇에도 만족할 수 없었다. 결국 그는 미식구락부의 경험을 바탕으로 직접 그릇을 제작하기로 마음먹었다.

로산진은 이때 세이베에와 엔다이가 알고 지내던 교토의 미야나가 도잔宮永東山을 소개받게 된다. 도잔은 프랑스 문화에 정통한 인물이었으며 뒤늦게 도자기와 인연을 맺고 도잔요東山窯를 운영하고 있었다. 그는 단순한 모양의 식기를 대량으로 생산하던 방식을 지양했는데, 도자기를 예술작품으로 인식한 인물이었던 것이다.

그릇도 그릇이지만 거기서 로산진은 그의 인생에서 중요한 사람을 만났으니 바로 아라카와 도요조荒川豐藏였다. 도요조는

로산진이 만든 초기 그릇

여러 면에서 로산진과 닮은 사람이었다. 어린 시절 어려운 가정 환경에서 자랐고, 화가를 꿈꾸었으며, 도자기에 대한 감각이 뛰어났다. 재능을 알아본 도잔이 그를 데려와 가마의 지배인을 시키고 있었다. 도요조는 로산진보다 어렸지만 사려 깊고 이해심이 많은 사람이었다. 그는 물레나 문양, 유약 등 가마 일 전반에 대해 로산진에게 친절하게 가르쳐주었다. 로산진은 이전의 경험 덕분에 금방 이해할 수 있었고, 디자인에서는 오히려 도요조를 놀라게 할 정도였다. 재미있는 사실은 로산진이 물레 일을 질색했다는 것인데, 이는 훗날 공동제작 논란을 불러일으키는 빌미가 된다. 단순 작업을 싫어했던 로산진의 성향에 비추어 보면 수긍할 수 있는 측면이기도 하다.

로산진은 필요한 만큼의 그릇을 갖추고 가마를 떠나면서 도요조에게 손을 내밀었다. 반드시 놀라운 도예의 세계를 보일 테니 도와달라는 의미였다. 얼마 지나지 않아 제안은 실현되어 도요조는 로산진이 박은 가마로 옮기게 된다. 일본 도예 역사상 최대의 발굴이라는 미노美濃 지방의 옛 가마터 발굴도 두 사람이 이루어낸 업적이다. 훗날 도요조가 시노志野 도자기와 세토쿠로瀨戶黑 도자기의 인간국보가 된 데는 일정 부분 로산진의 역할이 있었다고 할 수 있다.

주방에 있는 그릇들

필요한 그릇이 많았기 때문에 로산진은 도잔요뿐만 아니라 세이카 가마, 그리고 뛰어난 기능을 가진 사람들을 소개받아 그릇의 크기, 두께, 무게, 형태 등을 상세하게 알려주고 빚도록 했다. 사발에서부터 접시의 일종인 무코즈케向付, 젓가락 받침, 크고 작은 접시들, 술병, 잔, 주전자, 찻사발, 난방용 화로, 풍로, 냄비까지 디자인하여 성형을 의뢰했고, 문양은 직접 그려넣었다. 이렇게 하여 5천 점 이상의 식기를 마련했다.

요리인 모집

결과론이긴 하지만 호시가오카사료는 일본 현대 요리의 시초일 뿐만 아니라 요리인의 산실이기도 했다. 여기서 로산진의 획기적인 요리철학을 익힌 요리사들이 전국으로 퍼져나갔던 것이다. 1930년 자신이 창간한 잡지 『세이코』에 발표한 로산진의 「요리인을 모집한다」라는 글을 보자.

> 진짜 요리를 분별할 수 있는 사람, 이후에라도 그것을 얻을 수 있는 사람을 모집합니다. 맛을 알고 즐길 수 있는 사람, 처음부터 끝까지 맛있는 것과 그렇지 않은 것에 대해 극도로 신경을 집중하는 사람, 일상의 식사에서도 수행의 의미를 가지고 있는 사람, 월수입을 계산하지 않는 사람, 요리뿐만 아니라 미적 감각이 뛰어난 사람, 그림, 조각, 건축 등 예술에 애착을 가지고 식도락을 즐기는 사람, 임기응변으로도 손님을 만

족시키는 사람, (중략) 후세에 천하의 요리사로 이름을 남길 수 있는 사람을 모집합니다.
우린 또 그런 요리사로 교육할 것입니다. 나이와 경력에 개의치 말고 풍부한 감각과 불굴의 의지가 있는 사람은 응모하시기 바랍니다.

요리사 선발의 모든 권한은 로산진에게 있었다. 그의 면접 방법은 특이했다. "요리란 무엇인가" "당신의 요리철학은 무엇인가" 등 기본적이고 일반적인 질문보다는 "좋아하는 화가는 누군가" "어떤 소설을 읽었는가" "당신이 존경하는 사람은 누군가" 등 요리와는 상관없는 질문을 많이 던졌다.

이는 어느 분야의 사람을 대하더라도 소통할 수 있는 감각과 교양을 요리사가 가지고 있어야 하며, 요리사의 위상과 가치는 스스로 확보해야 한다는 의미이기도 했다. 그가 강조한 요리사의 길은 '수행 과정'이며 '예술가의 길'이기도 했다.

요리에 대한 테스트도 엄격했다. 로산진은 요리사 응모자를 자신의 집으로 데려가 며칠 동안 같이 기거하면서 시험을 했다. 방법은 그때그때 달랐으며 상식을 초월했다. 예를 들어 생선살을 발라내고 난 뼈나 대가리, 껍질을 주면서 요리하라고 시키기도 했다. 창의적인 감각이 있는가를 테스트한 것이다. 마쓰우라 오키타松浦沖太는 호시가오카사료의 제3대 요리주임을 맡았던 인물이다. 그는 한 달 정도 그런 테스트를 거쳤고, 솜씨를 인정받아 2년 후 21세의 나이에 일본 최고급 요정의 요리주임이 되었다. 요리주임에게는 운전사가 딸린 쉐보레 승용차를 제공

할 정도로 초특급 대우를 했다고 한다.

요리를 할 때 필요한 부분만 취하고 나머지를 버리는 요리사를 보면 로산진은 호통을 쳤다.

"요리의 재료는 최고를 선택해야 하며 버리는 것이 없어야 한다. 단 하나의 재료도 버려지는 일이 없어야 한다는 걸 명심해!"

한번은 어떤 요리사가 다시마가 미끌미끌하다며 수세미로 문지르는 걸 보고는 이렇게 소리쳤다.

"다시마는 바로 그 맛을 살려야 하는데 뭐 하는 짓이야 지금! 당신의 요리 경력이 10년이던데 지난 일은 잊어버려. 생각하고 노력하고 공부해!"

다키아와세炊き合わせ
따로 익힌 생선과 채소를 한 그릇에 담아낸 요리
그릇: 세토 사발 瀨戸麦藁手鉢, 로산진
요리: 쓰지 요시카즈辻義一
사진: 시모무라 마코토下村誠

그가 어찌나 버럭 고함을 지르는지 요리사들은 공포에 휩싸일 정도였다고 한다.

로산진의 불같은 호통은 종업원들에게도 마찬가지였다. 그가 화를 낼 때는 폭발적이었고 "지옥에나 가라" 등 입에 담기 어려운 말들을 거침없이 내뱉었다. 그러다 보니 로산진에게는 오만하고 불손한 인간, 독종, 성격 파탄자 등의 딱지가 붙게 되었다. 그러나 다른 한편으로 어마어마한 규모의 요정 총책임자로서 손님들의 만족감을 극대화시켜준 사실은 어떻게 보아야 할까.

종업원 교육

호시가오카사료의 종업원 모집 광고를 보면, 차별성을 강조하면서 그곳에 어울리는 사람이어야 한다는 점을 내세우고 있다. 기숙사 생활을 통해 예의범절과 문화적 교양을 몸에 익히도록 할 것이며, 사회에 나가더라도 정숙한 부인이 될 수 있도록 교육하겠다고 광고했다. 접대를 담당하는 여성의 조건 역시 특이해 일반 요리점에서 근무해보지 않은 사람, 품위 있는 생활을 희망하는 사람을 찾았다. 로산진은 고정관념을 깨뜨리며 기존 요리점과는 전혀 다른 서비스를 제공하겠다는 생각으로 초보자들을 고용했다.

심지어 그는 종업원의 유니폼까지도 직접 디자인할 정도였다. 여종업원들에게 고급 무명으로 지은 기모노를 입혀서 손님이 올 때 모두 현관으로 나가 맞이하도록 했다. 호시가오카사료에서는 요리사는 물론이고 종업원 교육도 치밀하게 진행되었다.

손님을 맞이하는 인사법을 예로 들면 이러하다.

머리를 숙여 정중하게 인사하는 것이 접대의 기본이다. 까딱하는 것은 실례다. 머리를 천천히 숙이고 천천히 들어라. 너무 느려도 안 되며 너무 빨라도 안 된다. 숙이거나 들 때는 같은 속도로 하라. 그렇다고 기계적으로 해서는 안 된다. 너희는 사람이지 인형이 아니다.

다음은 대답하는 법이다.

손님으로부터 무슨 얘기를 들었을 때는 반드시 대답하라. "예"는 한 번으로 족하다. "예, 예" 하는 것은 길거리의 국숫집에서나 하는 대답이다. 어떤 경우에라도 "예, 분부대로 하겠습니다" 하고 대답하라. 방긋 웃으면서 하면 더 좋다. "식사가 곧 됩니까?" 하고 손님이 물으면 요리사는 곧 된다고 대답할지 모르지만, 그때는 "시간은 얼마나 걸릴까요?"라는 말로 알아들어라. 손님에게 꼭 시간까지 알려줄 필요는 없지만 신중하게 대답해야 한다. 요리사에게는 10분도 "곧"이고 20분도 "곧"이기 때문이다.

이렇게 인사법, 대답하는 법부터 걷는 예절, 전채를 내는 법, 술을 권하는 법, 그릇을 상에 올리고 내리는 법, 요리와 그릇을 나열하는 법, 실수했을 때의 대처법 등을 한 치의 빈틈도 없이 실습을 통해 익히도록 했다. 이러한 교육과 훈련은 시간을 정해놓고 실제 상황처럼 실시했다.

호시가오카사료는 품격 있는 대화를 위한 공간임을 표방했기에 노래와 춤은 허용되지 않았고 따라서 게이샤도 없었다. 여종업원은 술을 따를 수 없었고, 손님에게 봉사료도 받지 않았다.

로산진은 요리가 그림이나 서도, 다도와 다르지 않음을 강조했다. 그는 밤에 요정의 문을 닫고 나면 요리사뿐만 아니라 원하는 모든 종업원에게 고보리 엔슈小堀遠州류의 다도를 공부시키기도 했다. 당시 여종업원이었던 사람들은 그 시간이 가장 즐거웠다고 증언하고 있다.

로산진의 조리실

세기의 요리 귀재 로산진의 조리실은 어떠했을까? 로산진은 천하제일의 맛을 내기 위해서는 독보적인 주방을 만들어야 한다고 보았다. 주방은 철저한 분업 체계였다. 예를 들어 회를 뜨는 공간, 굽는 공간, 튀기는 공간, 채소를 다루는 공간 등 재료나 요리 방법에 따라 조리실을 일곱 개의 공간으로 나누고 각 부마다 주임을 두었다. 로산진 자신은 그 모두를 관장하는 책임자였다.

로산진은 주방의 분위기에 따라 요리사의 마음이 달라진다고 생각했다. 넓고 깨끗하며 밝은 것은 기본이고, 효율적이고 기능적으로 조리실을 설계했다. 이미 그에게는 가나자와의 '야마노오'에서 배운 지식이 축적되어 있었다. 30평이 넘었던 호시가오카사료의 조리실은 모든 것을 갖추고 있었다. 온수와 냉수가 늘 나오도록 시설이 되어 있었고, 냉장고가 없던 시절이지만 냉수를 순환시키는 방식의 냉장고를 고안해 사용했다. 생선류와 채소류는 냄새 배는 것을 방지하고 신선함을 유지하기 위해 반드시 다른 공간, 다른 온도에서 보관했다. 냄비라든가 국자는 반드시 순은을 사용했다.

호시가오카사료의 조리실과 요리사들

더러워지는 것을 금방 인식할 수 있도록 요리사들에게는 깨끗한 흰 상하의에다 흰 양말을 신게 했다. 요리사들은 모자와 마스크를 착용해야 했으며, 요리주임은 반드시 넥타이를 매야 했는데 그것은 일본 최초였다고 한다. 로산진은 흰 양말에 대해 다음과 같이 말한 바 있다.

> 뛰어난 요리사인가 아닌가는 요리에 달린 것이 분명하지만 청결에 대한 인식도 중요하다. 양말이 더럽다는 것은 분명 게으르다는 증거다.

로산진은 요리에 머리카락이 들어갈 경우 호시가오카사료의 모든 요리사들의 머리를 박박 밀게 했으며, 그것을 요리점의 규약으로 정하기까지 했다. 그리고 2층의 자기 방을 주방이

훤히 내려다보이게 설계하여 요리와 청결 상태를 늘 살펴보곤 했다. 때로는 손님들에게 주방을 개방하여 믿음을 주려고도 했다.

보이지 않는 곳이라 하여 버려두지 마라. 개수대가 깨끗하면 흘러가는 쓰레기도 깨끗하게 보이는 법이다. 쓰레기통도 쓰레기를 버리는 곳이라고 생각해서는 안 된다. 요리사는 주변을 청결히 하는 가운데 아름다운 인격을 기르고 마음으로부터 맛있는 요리를 만들어야 한다.

이런 정도였으니 요리와 그릇, 재료는 어떠했을지 짐작하고도 남음이 있다. 그가 한 것은 모두 최초이며 최고였다고 하면 지나친 말일까.

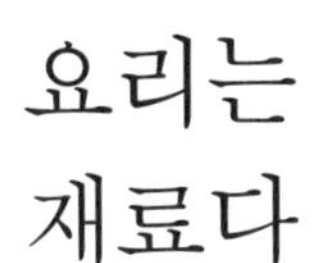

요리는 재료다

로산진이 각지의 요리사를 모집한 이유에는 그들을 통해 각지의 특산물이나 전통 요리에 대한 정보를 얻으려는 계산도 있었다. 유명한 식재료점이나 지방 요리점의 자제들을 우선 채용한 것도 그런 맥락에서일 것이다. 로산진은 잡지 『세이코』를 통해 도쿄에 알려지지 않은 생선이나 건어물, 된장, 잡곡류, 육류를 알려달라고 광고를 하기도 했다. 그의 요리에서 재료는 절대적이었고, 재료를 구입할 때 가격을 깎지 않았다.

> 호시가오카사료에서 요리를 즐길 때 돈을 아끼려는 사람은 없다. 당연히 최고의 요리를 제공해야 한다. 재료 값을 깎으면 요리의 품위가 떨어진다. 상대는 상인이다. 만약 호시가오카사료에서 값을 깎으려 든다면 분명 처음부터 값을 부풀릴 것이다. 깎지 않는다는 것을 안다면 제값만을 받을 것이다.

좀 늦게 가더라도 싱싱한 생선과 참치의 좋은 부위를 살 수 있는 보너스도 있을 것이다.

로산진은 요리의 코스라든가 메뉴 선택, 계절마다 나오는 재료 등 모든 것을 직접 챙겼다. 메뉴는 기본적으로 달마다 바뀌었는데 잡지 『세이코』에 그것을 미리 게재하여 회원들에게 알렸다. 1932년 9월호를 보면 거기에는 다음과 같이 식재료와 산지가 소개되어 있다.

갈치(근해), 농어(근해), 붉돔(근해), 은어(기후 그 외), 성게(후쿠이 미쿠니), 갯장어(효고), 자라(규슈 야나가와), 쇠귀나물(센주), 나팔버섯(가즈사), 송이버섯(나가노 신슈), 가지(교토), 두부(고야 산), 고비나물(노토), 율무(가마쿠라 야마자키), 생여지(남중국해), 오이(야마토), 커스터드 사과파이(호주) 등.

재료 목록을 보면 원산지가 최남단 규슈에 이르기까지 거의 전국적으로 분포해 있음을 알 수 있다. 그리고 당시에 벌써 남중국해와 호주의 산물을 찾아 썼다.

당시 도쿄에는 수산물로 유명한 혼슈 북쪽 가가加賀 지방의 어패류를 쓰는 곳이 거의 없었다. 어마어마한 수송 비용 때문에 아예 가져올 엄두를 내지 못했던 것이다. 그러나 로산진은 비용을 전혀 신경 쓰지 않았다. 사람들이 즐겨 먹는 어패류는 반드시 가가가 속한 호쿠리쿠 지방의 것만을 고집했으며, 각 지역의 특산물을 가장 맛있는 계절에, 가장 신선하게 먹을 수

좌_식재료를 직접 마련하는 로산진
우_시장에서 식재료를 고르는 로산진

있도록 조치했다.

요정이나 음식점에서 내놓는 쓰케모노(절임반찬)는 부수적이고 간단한 것이지만 로산진은 전문 담당을 두었다. 그는 재료에 따라 숙성 시간을 달리했으며, 재료에 맞는 항아리를 썼다. 채소는 로산진의 집이 있던 기타카마쿠라 근처 농가에서 조달했다. 로산진은 채소가 요정에 도착하는 시간을 분명히 못박아 두었는데, 오후 3시에서 4시 사이였다. 4시가 넘으면 손님이 들기 시작하기 때문이었다. 쌀도 그날 사용할 분량 외에는 정미하지 않았다.

로산진은 신선한 요리를 위해 손님이 예약한 시간을 철저히 점검하고 확인했다. 요리는 시간이 모든 것을 결정한다고 생각했기 때문이다. 예를 들어 은어 요리를 주문한 예약 손님이 있다면 은어로 유명한 기후岐阜 지방의 업자에게 전화로 은어를 주문했다. 당시로는 엄청난 거리였다. 한술 더 떠 그는 손님의 예약 날짜와 시간, 수송 시간을 고려해 은어를 포획하는 시간까지도 지정해주었다. 그런 다음 전용 자동차로 운송했다.

이처럼 최고의 재료를 가장 신선한 상태로 확보하려는 그의 노력은 상상을 넘어선다. 일본 최고 식재료의 하나로 꼽히는 후쿠이 현 와카사若狭의 옥돔과 고등어는 배에서 잡는 순간 소금을 뿌리고서 가장 빠른 운송수단을 이용해 도쿄까지 운반했다. 또 효고 현 아카시明石 해협에서 잡히는 어류 중 지금도 유명한 것이 돔인데, 로산진은 싱싱한 회를 위해 그 돔을 비행기로 운송했다. 지금으로부터 90년 전에 말이다.

그는 버려지는 재료에 대해서도 철저히 연구했다. 버리는 걸 아깝게 생각한 것이 아니라, 그것의 본질을 꿰뚫어보려고 했다. 일본에서 와사비는 최고의 향신료이며 조미료이다. 와사비는 고추냉이의 뿌리를 갈아 만든다. 한데 로산진은 뿌리만 취하고 버려지는 고추냉이의 줄기에 주목했다. 고추냉이의 푸른 줄기는 깨끗하고 싱싱하다. 아삭아삭하니 이에 와닿는 촉감이 좋으며, 맵싸한 맛이 일품이다. 사용하기에 따라 몸에도 요리에도 이로운 재료가 될 수 있다. 로산진에게 그것은 하시아라이箸洗い*의 맛을 내는 최고의 재료였다. 다른 어떤 것을 가지고 해보아도 고추냉이의 줄기만 한 게 없었다. 로산진

●
* 가이세키 요리에 나오는 국물.

은 그런 것도 찾아낸 것이다.

> 요리 재료가 몇 천, 몇 만 가지가 있는지는 알 수 없지만, 어느 한 가지도 독특한 자기의 맛을 가지지 않은 것이 없다. 어느 한 가지도 대신해서 맛을 낼 수 있는 것은 없다. 요리라는 게 재료가 가진 본래의 맛을 살리는 데 있다면, 이용할 수 있는 모든 것을 이용하는 것이 요리하는 사람이 지녀야 할 마음이다.

호시가오카사료는 7월 말부터 9월 초까지는 휴업했다.* 이 시기는 요리점을 정비하거나 심신을 재충전하는 때였지만, 재료가 상하기 쉬운 계절이기도 했던 것이다.

●

* 단, 1932년부터는 이 기간에도 맑은 날에는 오후 5시부터 9시까지 일부 건물을 열었다.

호시가오카사료의 회원이 아니면 명사名士가 아니다

1925년 3월 20일, 역사적인 요정 호시가오카사료가 문을 열었다. 사장 나카무라 다케시로, 고문 겸 요리장 기타오지 로산진, 요리사와 그 보조 약 20명, 여종업원 40명, 잡무 보는 이 10명, 회원 약 400여 명으로 요란하게 탄생했다. 엔다이는 고문을 맡았다.

20세기의 일본 요리를 말하려 한다면 호시가오카사료를 빼놓을 수는 없다. 현대 일본 요리는 호시가오카사료와 출발을 같이한다. 로산진과 잘 알고 지냈으며, 나고야의 유명 요정 '핫쇼칸八勝館'의 지배인이었던 마쓰다 반키치松田伴吉의 말을 들어보자.

요리를 한 가지씩 내는 방법이 지금은 당연하지만 그때까지는 전혀 그렇지 않았다. 소위 에도 시대의 요리에서는 본상을

> 비롯해 서너 가지 요리가 놓인 세 개 정도의 상이 처음부터 모두 나왔다. 지금도 궁정이나 신사에서는 간혹 그렇게 하지만 촌스러운 방법이다. 그것을 오늘날처럼 바꾼 사람이 로산진이었다.
> 또한 돔으로 유명한 아카시의 사람들이 돔을 먹는 방법이라든가, 굴이나 조개를 많이 먹는 사람들이 잡는 즉시 요리하는 방법은 그들에게는 일상적인 것이다. 그러나 도쿄라는 도시에서 그것을 살려내는 것은 쉬운 일이 아니다.
> 이 모두가 혁명과도 같은 일이었다. 그는 대단히 파격적이었고 위대한 연출가였다. 그는 요정에 게이샤를 들이지 못하게 했고, 여종업원이 절대로 술을 따르지 못하도록 했다. 그럼에도 불구하고 그렇게 평판이 좋았던 것은 무엇을 의미하는가. 우리가 지금 요리를 내는 방법은 결국 로산진을 흉내 내는 것일 따름이다.

결국 현대 고급 요리점은 기본적으로 로산진이 고안해낸 스타일을 따라하고 있는 것이다. 당시 일본은 세계 대공황의 영향으로 경기가 위축되었지만, 현 한화로 계산해 점심 한 끼에 30만 원, 저녁 한 끼에 36만 원 하는 고급 회원제 요정이 성공한 것은 결국 호시가오카사료의 이런 매력 때문이었다.

호시가오카사료의 철저함은 요리사와 종업원들에게는 매우 피곤한 일이었을지 모르나, 대접을 받는 고객의 입장에서 보면 감동 그 자체였다. 그 결과 로산진은 당대 일본 명사들의 찬사를 한 몸에 받게 되었다. 이런 철저함과 혹독함은 후에 로산진을 겨누는 비수가 되어 돌아오지만 말이다.

로산진은 음식을 맛있게 먹은 손님이 다시 원한다 해도 같은 음식을 하루에 두 번 내오는 법이 없었다. 요리에도 '일기일회一期一會'*가 있다는 게 그의 철학이었다. 그렇다고 손님을 무시한 것은 전혀 아니었다. 그는 고객별로 음식 취향을 파악해 목록을 작성해놓고 있었으며, 손님이 싫어하는 것을 피할 수 있도록 배려했다.

폐점 시간은 밤 9시 30분이었는데** 이것 또한 어김 없이 준수했다. 가끔 친분이나 신분을 이용해 시간이 지난 뒤에도 술이나 요리를 요구하는 사람이 있을 경우 그는 정중한 글로 거절했다.

"우리 요정은 9시 30분이면 문을 닫기로 정해놓았습니다. 그것은 종업원들의 건강을 위한 일이고, 결국 고객을 위한 일입니다. 절대로 시간을 연장할 수 없습니다."

한번은 헌정회 총재가 저녁식사를 하고 즐겁게 술을 마시고 있는데, 어느덧 문을 닫을 시간이 되었다. 총재는 방이 아니라 종업원 대기실에서라도 좋으니 한 잔만 더 할 수 없겠느냐고 했다. 로산진은 종업원을 통해 이런 글을 써서 보냈다.

"우리 요정의 규칙은 곧 이곳의 법입니다. 천하의 정치가가 법을 지키지 않으면 그것은 범죄입니다."

막강한 정치적 힘을 가진 인물에게 듣기에 따라서는 모욕적

●
* '일생일대에 단 한 번의 기회'라는 의미로 다도의 정신을 함축하고 있는 말. 여기서는 그런 마음으로 손님을 대접한다는 의미이다.
** 뒤에 밤 10시까지 연장하기도 했다.

이기도 한 대답이었다. 다케시로 사장이 뒤늦게 알고 사죄하려 했지만 총재는 오히려 로산진을 두둔했다. 로산진은 호시가오카사료가 명소가 되면서부터 그 누구에게도 자존심을 꺾지 않았다. 이때부터 '독존獨尊'이 시작되었다. 1936년 7월 요정을 방만하게 경영한다는 이유로 사장인 다케시로로부터 해고 통지를 받을 때까지 11년간은 로산진의 요리와 그릇이 예술로 승화한 혁명의 시기였다.

호시가오카사료에서 저명인사들에게 서도를 강의하는 로산진

호시가오카사료는 로산진의 자존심임과 동시에 회원이었던 왕족, 대신, 일류 회사 사장들의 자존심이기도 했다. 여기에서 대신들에 대한 인사가 협의되고, 다음 사장이 결정되었으며, 조선과 대만의 총독이 논의되었다. 얼마나 대단했으면 이런 말까지 나왔을까?

"호시가오카사료의 회원이 아니면 일본의 명사名士가 아니다."

“일본의 앞날은 호시가오카사료에서 결정된다.”

정회원 한 사람의 추천이 있으면 연회비 10엔(약 60만 원)으로 호시가오카사료의 일반회원이 될 수 있었다. 새로운 회원은 기관지 『세이코』에 가입 순서대로 기재하되, 갑, 을이라는 회원 등급은 기재하지 않았다. 신입 회원은 자기 이름이 명사들과 나란히 기재될 때 묘한 성취감을 만끽했다. 1935년 오사카에 호시가오카사료를 열 때까지 총 회원은 2천 명이 넘었다.

잡지 『세이코』 창간

최고급 요정 호시가오카사료는 왕족, 귀족, 정·재계 인사, 스키샤数奇者*, 예술가를 회원으로 받아들이며 성황을 이루었다. 당시 로산진에게는 불가능이란 없어 보였다. 천하를 얻었다고 하면 딱 어울릴 듯했다. 그렇지만 그는 자신의 예술과 미학을 세상에 내보일 도구가 필요했다.

평소 예술 잡지를 만들고 싶어했던 로산진에게 그것을 실행하게 만든 일이 생겼다. 그때까지만 해도 고시노古志野 도자기는 세토 지방의 도자기로 알려져 있었지만, 도요조가 고시노 도자기 가마터를 미노에서 발견한 것이다. 로산진은 도요조를 호시가오카사료의 식기를 빚을 때 도잔요에서 만났고, 1927년부터는 자신의 가마에서 함께 작업하고 있었다. 이 가마터 발굴은 일

●
* 16세기 말~17세기에 다도를 중심으로 풍류를 즐기던 사람. 차인茶人이라는 의미가 강하다.

본 도자 역사상 최대 규모의 발굴로 알려져 있는데, 그 주역이 도요조와 로산진이었다. 1930년 10월 로산진이 그 발굴의 연구와 보고를 위해 만든 잡지가 바로 『세이코星岡』였다.

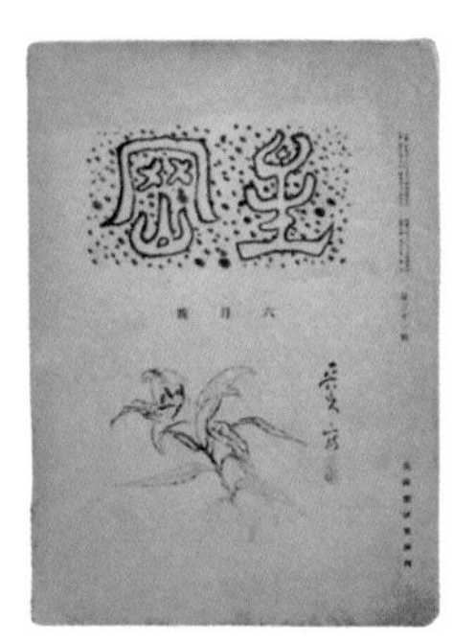

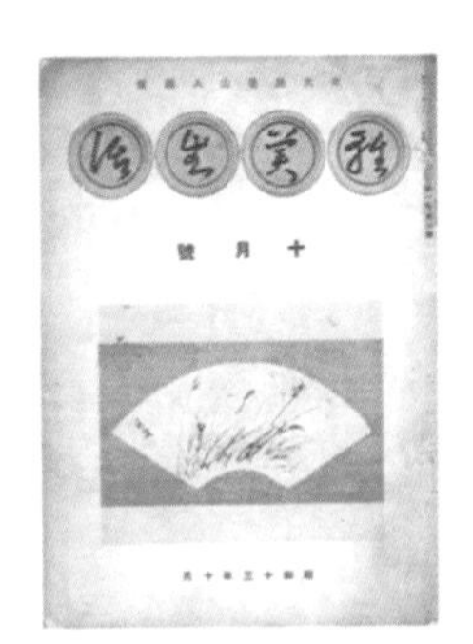

로산진이 만들었던 잡지
『星岡』『獨步』『雅美生活』

로산진은 창간호에 "예술과 풍류를 논하고 싶다"는 발간 취지를 밝힌 바 있는데, 이 잡지는 그의 미학과 사상을 드러내는 개인지의 성격이 강했다. 편집장이 있었지만 편집권은 전적으로 로산진에게 있었다. 『세이코』는 3호까지만 요정에서 발간했으며, 1931년 4호부터 1936년 69호까지는 로산진의 가마 세이코요星岡窯에서 발간했다.

로산진은 이 잡지에 자기가 쓴 원고를 주로 게재했고, 나머지 원고는 다른 사람의 것을 골라 실었다. 표지 디자인과 그림, 광고까지 직접 맡아 아주 개성 있게 만들었는데, 일본 초유의 흥미로운 잡지가 되기에 충분했다. 지금 전해지는 로산진의 생생한 미학이나 예술관은 대부분 이 잡지로부터 연유한다.

세상을 평정한 그가 세상을 향해 내뱉는 말들이 남들에게 독설로 비칠 것이라는 걸 그는 알고 있었다. 어쩌면 그는 『세이코』가 독단의 잡지가 될 것을 예상했는지도 모른다. 창간호에 게재한 그의 글을 보자.

> 나의 독단은 무지하거나 천박한 독단이 아니며, 지혜가 있고 사색이 깊은 독단이다. 이것은 입헌정치가 실시되는 세상이라도 총리대신의 독단이 있는 것과 같다. 나를 죽이고 싶은 눈들이 나를 향하더라도 자신 있는 독단을 가지고 활발하게 살고 싶다.

그리고 창간호에서부터 신랄한 말투로 위선과 권위를 조롱하며, 마음에 들지 않는 저명인사들을 질타했다. 3호에서부터 7호까지 연재했던 야나기 무네요시柳宗悅에 대한 비판 글은 그 좋은 예이다.

> 지난번에 실린 너의 제전 공예 비평에 관한 이야기다. 비평의 옳고 그름 따위는 여기서 논하지 않겠다. 너의 비평을 두고 관계자와 너를 두둔하는 패거리들이 천년에 한 번 나올 비평가이자 감상가라고 띄우고 있던데 너무 우쭐해하지 마라. 내가 볼 때 너의 감상은 소위 초보자들 무리에서 조금 나아간 정도일 뿐이다.

가문으로 보나 학술적 영향력으로 보나 당시 무네요시의 존재감은 대단했다. 그런데도 상대를 '너'라고 지칭한 것은 물론이고, 이름마저도 일부러 '일명 야나기 초보初步 요시'라 비꼬아

부른 것은 정도를 논하기에 앞서 웃음이 나올 지경이다.

무네요시와 함께 일본 민예운동民藝運動*을 주도했던 사람들도 로산진의 표적이 되었다. 로산진은 그들을 민예의 본질을 제대로 알지 못하는 무리로 단정하고, 그들의 모순을 구체적으로 지적했다. 차실의 도코노마**보다는 일상의 부엌을 소중히 여기는 민예론자들은 실용적이고 일상적이며 가격이 저렴한 공예를 높이 평가하면서도 실제 행동은 그렇지 않다는 것이다.

로산진은 시즈오카静岡 역에서 팔리는 찻주전자 사진을 잡지 『세이코』에 크게 싣고는, 무네요시와 민예운동의 동지였던 도예가 하마다 쇼지浜田庄司가 이런 5전짜리(약 3000원) 주전자와 별반 다르지 않은 도자기를 만들어 300배에 해당하는 15엔(약 90만 원)을 받는 것을 도대체 어떻게 설명해야 하는가라고 질타했다. 그는 민중생활과는 동떨어진 민예운동을 하는 무네요시를 다음과 같이 비판했다.

> 네가 하마다 쇼지나 가와이 간지로河井寛次郎가 민예의 신처럼 대접받는 것을 인정하는 것은 그렇다 치고, "값이 싸기에 좋은 것이 되지 못한다는 근거는 어디에도 없다. 공예가 사치품에 머무르는 일은 참담하다"고 역설한 것은 도대체 어떤 의미란 말인가. 6엔짜리 간장병, 15엔짜리 주전자, 30~40엔 하

* 서민들의 일상적인 생활에서 탄생한 공예를 중시했던 예술운동.
** 일본 건축에서 방의 정면에 있는 바닥을 한층 높게 만든 공간. 벽에는 족자를 걸고 바닥에는 꽃병을 놓아둔다.

> 는 화로를 사용하는 민중이 어느 나라에 있단 말인가. 적어도 일본에는 한 명도 없다. 귀족들도 쉬운 일이 아니다.

일부의 반감을 샀지만 논리적이고 거리낌 없는 신랄한 독설 때문에 잡지는 많은 관심을 끌었다. 잡지 독자는 주로 요정 회원들이었는데, 회원들이 여론 주도층이다 보니 그 영향력은 대단했다. 『세이코』는 발행부수가 최대 4000부에 달했으며, 일본에서 개인지의 성격을 지닌 잡지로서뿐만 아니라 예술과 식도락을 테마로 한 잡지로서는 선구적인 역할을 했다.

뼈를 깎는 노력으로 요리를 해도
그것을 담는 그릇이 죽어 있다면 소용이 없다.
나는 살아 있는 그릇, 죽은 그릇이라 말한다.
그릇을 선택하는 것이 번거롭다고 말하지 마라.
그릇을 사랑하고 다루는 일을 즐겨야 하며,
그릇을 사랑하는 마음이 있어야
요리와 하나로 맺어진다.
그릇이 즐거운 것이 된다면 요리도 즐거운 것이 된다.
—로산진

4

거목,
천하를 얻다

천상천하유아독존, 독설

"천재는 1퍼센트의 영감과 99퍼센트의 노력으로 이루어진다"는 에디슨의 명언은 뭇사람들에 의해 여전히 사랑받고 있는 말이다. 노력 여하에 따라 자신도 천재가 될 수 있다는 달콤한 가능성을 내포한 말이니까. 여기서 영감이란 천성이나 타고난 재능이라 할 수 있다.

그런데 에디슨은 원래 1퍼센트의 영감에 무게를 더 두었다고 한다. 지금 사람들이 그의 말을 자의적으로 해석해 본래의 뜻과는 다르게 되어버린 것이다. 에디슨의 명언을 거론한 이유는 로산진의 예술관 때문이다. 로산진은 "예술적 재능이란 천성적으로 타고나는 것이며, 노력에 의해서만 살아날 수 있다. 천성을 가지고 있다 하더라도 노력하지 않으면 살아날 수 없다"고 했다. 여기까지는 일반적으로 알려진 에디슨의 말과 같다. 로산진의 말을 계속 들어보자.

"그렇다고 천성적인 것 없이 노력만 가지고는 절대로 예술을 이룰 수 없다. 가능한 한 빨리 그만두는 것이 가장 현명한 길이다."

로산진의 이 말은 그를 오만불손하고 독선적인 인물로 만들어 많은 사람들이 목에 핏대를 세우며 그를 비난하는 빌미가 되었고, 수많은 적이 생겨나게 했다. 평범한 사람들의 희망을 무참히 짓밟는 말이긴 하지만, 실은 에디슨의 의도와 정확히 일치하는 말이기도 하다.

잡지에서 무네요시를 몰아붙인 것에서도 알 수 있듯이 로산진은 분명 독선적인 면이 있었다. 오죽했으면 홀로 독(獨) 자가 아닌 독 독(毒) 자를 넣어 그를 '유아독존唯我毒尊'이라 했을까. 인간은 대개 지위가 높아지거나 권력을 갖게 되면 오만함이 도드라지는 경향이 있다. 절대적이랄 수는 없지만 역사는 그것을 증명하고 있다.

권력자의 주위에는 늘 아첨하는 무리들이 모여 오만을 부채질하는 법이다. 로산진이 높은 위치에 오르자 사람들이 몰려들었고, 그는 그런 사람들 사이에서 유아독존의 면모를 유감없이

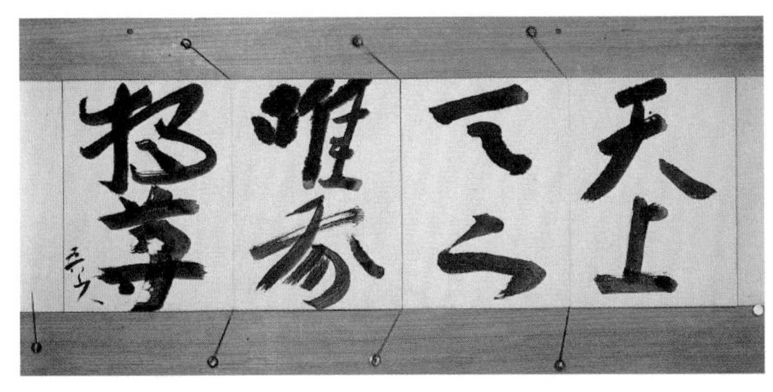

로산진의 글씨
天上天下唯我獨尊

드러냈다. 그의 미학과 비평은 상대방에게 무서운 폭탄이 되었고, 그가 발간하는 『세이코』는 그의 발포대가 되었다. 차인들도 그의 주요 비판 대상이 되었다.

지금 일본의 다도는 도요토미 히데요시의 차 선생이었던 센노 리큐에 의해 완성되었다. 리큐의 스승인 다케노 조오武野紹鷗는 "차가 식지만 않는다면 한 잔의 차를 하루에 걸쳐 마시고 싶다"는 매력적인 말을 남겼는데, 이는 차에 대한 절대적인 미각을 드러낸 것이기도 하지만 다도가 철학적이고 종교적인 의미까지 지니고 있음을 말해준다.

로산진이 비판한 것은 이런 본류의 다도가 아니었다. 그는 다도를 빙자한 가식과 차인의 편협한 시각을 경멸했고, 겉과 속이 다른 인간을 혐오했다. 「차인 불량茶人不良」이라는 글을 보면 차인에 대한 그의 시각이 잘 드러나 있다.

차실에서 그들이 보여주는 절제되고 격식을 갖춘 예절과 행동이 차실 밖에서는 여지없이 무너지고 만다. 당사자 앞에서는 달콤하고 온화한 어조를 띠다가도 그가 보이지 않으면 어떤 험담을 하는 것도 개의치 않는다. 속으로 항상 상대방의 허점을 유심히 살피며, 솔직한 대화를 하지 못하는 차인이 많다.

사람은 누구나 실수를 하거나 무례를 범할 수 있다. 하지만 위선은 비판받아 마땅하며, 차인의 위선은 더욱 비판받아 마땅하다는 것이다. 계속되는 로산진의 말이다.

> 지금 차인들은 바보 같다. 다다미 4장 반의 좁고 어두운 곳에 웅크리고 앉아 차이레茶入는, 다완은, 차는, 사발 이름은, 과자는, 낙엽의 상태는, 정원의 돌은, 주전자 물은……. 어느 하나라도 소홀히 하는 것을 상상할 수가 없다. 때로는 숨이 막힌다. 그 좁은 곳에서 손끝으로만 익히고 연습하여 무엇을 하자는 걸까? 일부러 먼 곳까지 불러 대접한답시고 하는 말들이 고작 그따위라니.

이 말을 다도가 가진 의미를 부정하는 것이라고 이해해서는 곤란하다. 로산진의 이 말은 진정한 다도의 입장에서 볼 때 현대의 차인이 형식에 치우쳐 몰개성적이며 과거를 답습하고 즐기지 못하는 것을 두고 한 발언이었다. 다도 전통이 활발히 이어져온 일본에서 도자기 비평에 뛰어난 사람은 제법 있었지만, 로산진처럼 고금의 도자기, 일본화, 서도, 전각 등 폭넓은 분야에 통달했던 사람은 드물었다. 그렇기에 로산진의 독설은 근거 없는 비판이 아니었다.

로산진은 세상을 향한 독설의 이유를 다음과 같이 말하고 있다.

좌_로산진의 이라보 찻사발
우_시노 찻사발

로산진은 어려운 놈이라고 말하는 사람들이 있다. 별난 놈이라고 하는 사람도 있다. 오만방자한 놈이라고 하는 사람도 있다. 성가시고 시끄러운 영감이라는 평도 있다. 어디에도 나를 칭찬하는 말은 없다. 그러나 그렇게들 말하는 것이 당연하다고 생각하며 또 그것에 만족한다. 나 또한 마찬가지다. 나도 사람들의 모습을 보고 칭찬할 일이 없기 때문에 칭찬하지 않는 것이다.

왕국을 건설하다

로산진은 요정 호시가오카사료를 열 때 주문 제작한 그릇들을 썩 마음에 들어하지는 않았다. 그릇은 주문한 그대로 제작되었고 기술적으로 멋져 보였지만 그가 보기에 정신이 결여되어 있었다. 하지만 그가 당장 손댈 수 있는 것은 아니었다. 도자기 분야에서는 경험이 부족했기 때문이다.

로산진의 집과 가마가 있었던 기타카마쿠라

결국 로산진은 1927년 그가 살고 있던 기타카마쿠라 야마자키山崎에 호시가오카사료 전용 가마인 세이코요星岡窯를 박게 된다. 요정을 연 지 2년 후, 그의 나이 마흔네 살 때의 일이다.

로산진의 세이코요

로산진은 가마뿐만 아니라 평생의 거처가 되는 자신의 왕국을 기타카마쿠라에 건설한다. 여기에서 그는 도자기 예술을 꽃피우며 유아독존의 기인奇人으로 살아가게 된다. 소요 비용은 모두 요정의 수입으로 충당했다. 요정의 지배인이나 요리사, 종업원의 급료는 정해져 있었지만 다케시로와 로산진의 급료는 따로 정해져 있지 않았다. 요정의 수입이 엄청나서 로산진은 마음껏 돈을 쓸 수 있었다.

로산진은 약 7천여 평의 땅에 자신이 설계한 가야부키茅葺き* 본채, 차실 무쿄안夢境庵, 국보급 도자기가 즐비한 고도자기 참

* 억새나 띠로 지붕을 인 일본의 전통 가옥.

고관古陶磁器參考館 등을 지었다. 화장실 변기를 도자기로 만들어 설치했으며, 목욕탕의 타일과 벽면 장식도 모두 자신이 디자인한 도자기로 마감했다. 현재 이바라키 현 가사마笠間의 니치도日動 미술관 별관인 슌뿌반리소春風萬里莊는 본채 건물을 그대로 옮겨놓은 것이다.

좌_이바라키로 옮겨놓은 본채 건물
우_과거의 본채 모습

고도자기 참고관은 그 자체로 로산진의 걸작이었다. 그는 세토계 가마에서부터 미노, 가라쓰 등 전국 수십 곳의 가마를 답사하여 사금파리를 수집했다. 또한 계룡산을 비롯해 조선의 가마터도 십여 곳을 조사했다. 이렇게 해서 모은 사금파리가 십만 점이 넘었다. 전시실에 수집해놓은 중국, 일본, 조선의 명품 도자기가 3천여 점이나 되었다. 그는 그 도자기들을 늘 가까이하면서 감각을 익혔다.

기타카마쿠라에 있는 20여 동의 각종 건물은 자연 배경에 어울리도록 배치하여 지은 것이었다. 거기서 일을 했던 가마

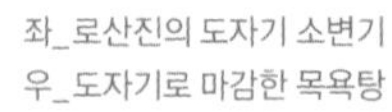

좌_로산진의 도자기 소변기
우_도자기로 마감한 목욕탕

의 직인들은 물론이고, 그곳을 한 번이라도 가본 사람은 자연과 건물이 어울려 연출되는 아름다움을 잊지 못했다. 로산진의 예술 감각은 공간 배치에 있어서도 사람들의 감탄을 자아내게 했다.

절정

로산진의 저택은 함부로 들어갈 수 없는 명소가 되었다. 집이야 누구나 구경할 수 있었지만 로산진을 만나는 것은 도예가인 아라카와 도요조, 가토 도쿠로加藤唐九郎, 판화가 무나카타 시코棟方志功를 비롯한 몇 명 외에는 유명인이라도 쉽지 않았다. 이 무렵에는 기타카마쿠라 지역의 문사들을 중심으로 후에 노벨문학상을 수상하게 되는 가와바타 야스나리川端康成, 유명 배우와 가수, 기업 경영자, 그리고 입이 거칠기로 유명한 비평가들도 로산진 편에 서 있었다. 세상 사람들이 야나기 무네요시를 포함한 '도쿄의 5인'에 로산진을 포함시킬 정도였다.

이 시절에는 늘 로산진의 가슴 한쪽에 자리 잡고 있던 과거의 고통스럽던 양자 생활, 수행자 같았던 식객 생활을 시원하게 날려버릴 일들이 줄을 이었다. 정점은 1928년 나가코良子 왕비의 아버지인 구니노미야 구니요시久邇宮邦彦의 방문이었다. 구니요시는 호시가오카사료의 회원인 왕족들로부터 얘기를 들었던 터라 로산진에 대해 관심이 많았다.

기타카마쿠라는 시골이었다. 왕비의 아버지이자 육군대장인 구니요시의 행차는 시골을 발칵 뒤집어놓았다. 지금과는 다르게 당시는 왕족을 신적인 존재로 떠받들던 시절이었다. 6월 27일로 방문 날짜가 정해지자 사람들은 도로 정비에 동원되었고, 경찰서장은 경비를 위해 호들갑을 떨었다. 그런 와중에 로산진은 5월에 조선의 계룡산을 중심으로 한 옛 가마터 답사를 다녀오고 6월에는 도쿄 니혼바시에 있는 미쓰코시三越 백화점에서 개인전을 열 정도로 여유가 넘쳤다.

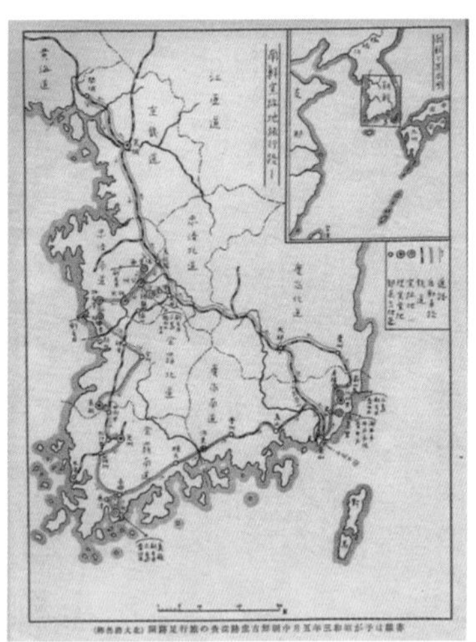

좌_조선 여행 당시의 로산진
우_당시의 로산진 여정

로산진이 그린 계룡산

구니요시는 로산진의 집을 방문해 점심 대접을 받고는 무척 기뻐했으며 12월에 다시 방문하기로 했다. 로산진은 구니요시를 또다시 영접하기 위해 300년 전 도쿠가와 이에야스가

숙박했다는 건물을 옮겨오는 등 대단한 정성을 기울였다. 후지사와藤澤에서 옮겨온 그 건물은 바로 게이운카쿠慶雲閣였다. 그 후로 그들의 만남은 자주 있을 듯 보였으나 구니요시가 급작스럽게 죽음을 맞이하면서 두 번의 인연으로 끝나고 말았다. 구니요시는 로산진을 만난 느낌을 시로 써놓았는데 그가 죽은 후 로산진에게 전달되었다.

귀빈을 맞이했던 게이운카쿠

1932년에는 영화감독이자 배우인 찰리 채플린이 로산진의 명성을 듣고 호시가오카사료와 가마를 방문했다. 서구에서 경험하지 못한 아기자기한 코스 요리와 다양한 그릇, 손님을 감동으로 이끄는 친절한 서비스, 그리고 로산진의 예술과 철학은 채플린을 사로잡았다. 채플린은 보답으로 후지 산과 소나무를 그린 그림을 로산진에게 선물로 주었다. 다음은 채플린에 대한 로산진의 말이다.

나는 영화를 잘 모르기 때문에 그를 알지는 못했다. 그런데 그는 평범한 사람이 아니었다. 그림에 나타난 선은 우아했고 기교를 부리지 않은 아름다움이 있었다. 그는 그림을 그리는 사람으로 치면 훌륭한 화가였다.

1934년 여름부터 로산진은 수십 명의 명사를 초대해 '조반회朝飯會'라는 이름으로 로맨틱한 식사 자리를 마련했다. 초대받은 사람들은 새벽 5시에 모여 목욕을 한 후 야외에서 고도자기 참고관의 명품이나 로산진이 만든 그릇으로 식사를 했다. 당일까지 어떤 장소에서 어떤 그릇으로 어떤 요리를 먹게 되는지는 비밀로 한 낭만이 있는 연회였다.

조반회 모습

왕족과 세계적인 배우와의 만남, 그런 것들이 자신감과 오만한 언행을 불러왔던 것은 아닐까.

그릇은 요리의 기모노

기타오지 로산진이 아무리 뛰어난 미식가이자 요리사였다고 해도 지금 그의 요리를 맛볼 수는 없는 노릇이다. 그러나 그의 그릇은 많이 남아 있어 볼 수 있다. 현재 로산진을 한 분야의 예술가로만 분류한다면 도예 분야의 예술가가 아닐까 싶다. 그런 그에게 "왜 도자기를 빚는가" 질문하면 대답은 특이하면서도 간단했다.

"그것은 나의 식도락 때문이다."

로산진의 도자기는 이전의 어떤 사람보다도 새롭고 재미있고 구체적이었다. 그에게 색이 복잡하거나 섬세한 그림으로 채워진 도자기는 관상용일 뿐 요리가 놓일 자리는 아니었다. 그는 그릇을 만들 때 항상 요리라는 것을 염두에 두었다. 요리가 그림이라면 그릇은 캔버스인 셈이었다.

1935년 10월 1일 그는 도쿄 일류 요리점 운영자들을 초청해 고도자기 참고관에서 강연을 했다. 이때의 강연에는 그릇에 대한 그의 철학이 잘 드러나고 있다.

고도자기 참고관의 도자기들

"여러분도 잘 알고 있듯이 저는 요리를 시작하면서 여기에 가마를 박고 그릇을 빚고 있습니다. 빚는 정도가 아니라 아예 푹 빠져 있습니다. 그래선지 저를 특이한 사람으로 보는 분들이 많습니다. 하지만 저는 당연한 일을 하고 있다고 확신하기에 요리의 전문가와 대가로서 이름 높은 여러분 앞에서 실례를 좀 범하겠습니다.

요리에서의 아름다움이라는 것은 그림이나 건축이나 자연의 아름다움과 다르지 않습니다. 돔 구이를 할 때도 색채나 배색, 모양 그런 것을 매우 중시하지 않습니까? 그렇게 함으로써 요리가 아름다움을 지니게 되며, 궁극적으로 맛있고 즐거운 것이 됩니다. 아마 여러분도 그렇게 생각하며, 매일 요리를 담는 그릇에 대해 고심하고 있을 것입니다. 요리를 화두로 삼고 있는 사람이라면 자연스럽게 식기를 요리와 똑같이 중요한 문제로 여길 것입니다. 이것은 당연한 과정입니다.

그러나 현실에서는 '이 요리에는 그것이 아니면 안 되는 그릇'으로 보아줄 식기들이 그리 흔치 않습니다. 이유는 요리업자나 요리사가 식기를 절실하게 생각하지 않기 때문입니다. 요리를 하는 사람이나 식기를 다루는 사람이 관심을 갖는데도 좋은 그릇이 탄생하지 않을 리는 없습니다. 요리는 그릇으로 인해 살기도 하고 죽기도 합니다. 요리를 다도에서의 요리로 인식한다면 좋은 식기는 저절로 나타날 겁니다. 물론 그릇을 만드는 사람은 그것에 맞는 높은 미의식을 가지고 그릇을 만들어야 합니다.

이렇게 볼 때 좋은 식기를 만드는 가장 좋은 방법은 요리업자나 요리사가 그릇장이를 이끄는 것입니다. 결국 식기를 사용하는 업자의 무관심이 오늘날 요리 그릇의 발전을 가로막고 좋은 그릇을 찾기 어렵게 만든 원인이라는 말입니다.

간혹 명품 식기가 있다 하더라도 대부분 옛사람들이 만든 것이며 이미 골동품이 되어 있는 상태입니다. 그래도 요리를 근본적으로 발전시키고 아름다운 상차림을 하고 싶다면 골동품이라도 사용해야 하지 않을까요? 그러나 그것은 말처럼 그리 간단한 일이 아닙니다. 따라서 그릇을 스스로 만드는 것 말고는 뾰족한 수가 없습니다.

저는 이런 당위성을 가지고 그릇을 만들어보았지만 좋은 그릇을 만드는 일은 쉽지 않았습니다. 이유는 우선 옛사람들이 남긴 명작에 대한 공부가 부족했기 때문입니다. 좋은 그릇을 만들려고 한다면 설령 그것에 흠이 있다 하더라도 꼼꼼히 공부해야 합니다. 그래서 저는 옛사람의 작품을 곁에 두고서 그릇 만드는 근본으로 삼고 있습니다. 때로는 조선과 중국으로 건너가기도 했습니다. 그것이 결국 이렇게 참고관이 된 것입니다. 그런 의미에서 저의 수집은 여느 경우와는 다릅니다. 어느 것이나 그릇을 만들기 위한 자료이며, 그릇의 도리를 찾기 위한 물건입니다.

단지 먹는 일만의 문제라면 옛날처럼 음식을 나뭇잎 위에

순무, 새우튀김, 유자
그릇: 오리베 거북등 무늬 접시織部亀甲形鉢, 로산진
요리: 쓰지 요시카즈辻義一
사진: 시모무라 마코토下村誠

놓아도 좋을 것입니다. 하지만 보다 아름답고 살아 있는 요리를 위해서는 그릇을 선택할 필요가 있습니다. 식기와 요리는 어디를 가더라도 헤어질 수 없는 부부와 같은 관계이기 때문입니다. 바로 그렇게 될 때라야 일본 요리는 본격적으로 시작될 것입니다. 효테이, 와라지야, 야오젠 등 후세까지 이름이 전해지는 요리점은 모두 선대부터 그렇게 해왔습니다. 지금 여러분처럼 가문의 방식대로 하면 무언가 느낌이 좋지 않습니까? 선대들은 모두 분별 있고 식견 높은 사람들이었기 때문에 자손까지도 그 덕에 배불리 밥을 먹을 수 있게 된 겁니다.

흔히 중국 요리를 세계 제일이라고 하지만, 중국 요리가 그랬던 것은 명나라 때의 일이지 지금 그런 것은 아닙니다. 왜냐하면 중국의 식기는 명나라 것이 가장 미적으로 뛰어나기 때문입니다. 식기가 뛰어났다는 것은 곧 요리가 뛰어났다는 증거입니다. 청나라가 들어서면서부터는 점점 맛이 떨어지기 시작했고 식기도 그 길을 따라갔습니다. 넓은 안목으로 보면 그릇에 따라 요리가 좌우될 수 있다는 말씀입니다. 요리를 만드는 사람은 결국 식기예술을 알아야 합니다. 요리업자는 도자기 작가와 항상 교류하고 교감하면서 아름다운 그릇을 만들도록 해야 합니다. 그래서 저는 늘 이렇게 말합니다. '요리와 그릇은 한 축의 두 바퀴이며, 그릇은 요리의 기모노이다.'"

좋은 요리가 있어도 모조품이나 조악한 그릇에 담는다면 요리의 가치를 살려낼 수 없다. 또 훌륭한 사발이 있더라도 어울리지 않는 쓰케모노(절임반찬)를 담는다면 명기의 가치는 사라지고 만다. 반드시 이 둘이 조화를 이루어야만 하는 것이다.

개성 있는 로산진의 그릇
좌_시노 접시
우_청화백자 버터 그릇

로산진은 미각을 충분하게 다듬은 사람은 반드시 그릇 보는 눈을 가져야 하며, 그렇게 되었을 때라야 요리의 완성을 이야기할 수 있다고 주장했다. 결국 훌륭한 식기를 알아볼 수 있는 심미안과 인간을 생각하는 마음이 어우러질 때 지고의 맛이 탄생한다는 것이다. 지고의 맛이란 예술적인 생명을 의미할 것이다.

해고,
호시가오카사료의
종말

로산진은 도쿄에서의 대성공을 발판 삼아 간사이 지방으로 진출할 계획을 세웠다. 1934년, 그는 잘 아는 사업가로부터 오사카의 큰 저택을 사들였다. 그 저택은 십여 년에 걸친 공사 기간과 수백억 원의 공사비가 들어갔던 집으로, 4천여 평의 정원과 6백 평의 건물에 크고 작은 방이 서른 칸 정도 있는 호화로운 건물이었다. 문제는 역시 자금이었다. 건물 구입비뿐만 아니라 조리실과 목욕탕 등을 갖추고 식기를 준비하려면 천문학적인 돈이 필요했다. 동업자 다케시로와 틀어지기 시작한 것은 이때부터였다.

결국 로산진은 1935년 11월에 어렵사리 오사카 호시가오카사료를 열게 된다. 그런데 1936년 7월 중순, 세 번째 부인 기요로부터 급히 돌아오라는 전보를 받는다. 도쿄에서 그를 기다리고 있던 것은 다케시로가 보낸, 호시가오카사료에서 해고한다는 내용증명우편이었다. 해고 이유는 방만한 경영이었다. 날벼락이었다. 내용증명우편에는 도쿄와 오사카의 호시가오카사료와 관계된 모든 권리, 기타카마쿠라의 세이코요뿐만 아니라 요정 수입으로 구입한 수집품, 모든 땅과 건물에 대한 권리를 박탈한다는 내용도 포함되어 있었다. 그야말로 철저한 결별을 알려온 것이었다. 요정을 연 지 11년이 되던 시점이었다.

왜 이런 불화가 생겼을까? 이는 어떤 갑작스러운 사건이 원인이었다기보다는 조금씩 누적되어온 불만이 폭발한 것이었다. 사건의 표면적인 발단은 경리주임을 로산진이 마음대로 해고한 일에서 시작되었다. 사실 인사 문제는 다케시로의 고유 권한이었는데 로산진이 개입을 한 것이었다. 하지만 그렇다고 해도 다케시로는 경리를 해고한 일 정도로 로산진과 관계를 끊을 만큼 어리석은 인물은 아니었다. 로산진이 자기 마음대로 땅을 사서 건물을 짓고 값비싼 골동을 수집하는 데 돈을 쏟아부어도 낙천적인 다케시로는 호시가오카사료가 성공한 것에 대단히 만족하고 있었다.

그런데 다케시로에게 문제가 생기기 시작했다. 그가 사장으로 있던 출판사 벤리도便利堂가 경영 부진으로 점점 심각한 상태가 되었던 것이다. 게다가 오사카에 요정을 열면서 건물 구입과 내부 수리, 수천 점의 식기 제작에 엄청난 비용이 들어갔다. 이 일의 모든 계획과 진행은 거의 로산진의 독단으로 이루어졌고, 다케시로는 마음이 내키지 않았지만 사후에 추인하는 모양새를 취했다. 이는 결국 로산진이 다케시로의 영역인 경영에까지 개입하는 결과를 초래했다.

신중하고 부드러운 성격의 다케시로도 이런 일이 계속되다 보니 불편한 나날을 보낼 수밖에 없었다. 이때 다케시로의 친척이자 그에게 우호적인 경리주임이 무분별한 로산진의 출금 요구에 반발하는 사건이 일어나게 되었다. 천하의 로산진이 화를 낸 것은 당연한 일이었다. 그는 경리주임을 아예 당분간 나오지 말라며 쫓아내버렸다. 이 일은 성격 차이로 인한 충돌이나 단순한 해고 사건이 아니라 경영권 다툼으로까지 비화될 소지가 있었다.

그래도 오랫동안 로산진을 존중해온 다케시로는 자기 생각을 행동으로 옮기지는 않았다. 회사와 요정에 부정적 영향을 끼칠 수 있다는 판단 때문이었다. 그러나 독단적인 로산진의 성격에 반감을 가지고 있던 요정 간부들의 부추김이 둘의 관계를 파국으로 몰고 갔다.

호시가오카사료는 혹서기라 휴업 중이었고 납량원 한 곳만 영업을 하고 있었다. 이때 로산진의 오사카 요정 개업 인사에 불만을 가지고 있던 당시 지배인이 그 기간을 이용해 일을 벌였다. 그는 요리사들과 종업원들의 서명을 받아 다케시로를 압박했고, 결국 다케시로는 해고 통지나 다름없는 내용증명우편을 로산진에게 보냈던 것이다.

내용증명우편을 받은 로산진은 그답지 않게 심한 공포에 사로잡혔다고 한다. 그는 법적으로 자신이 다케시로의 고용인밖에 되지 않음을 누구보다 잘 알고 있었다. 게다가 그렇게 마음을 터놓고 지내던 다케시로는 해고를 통보할 때 '후사지로'라는, 로산진의 인생에서 가장 비참했던 시절의 이름을 사용했다.

아마도 로산진의 머릿속엔 어린 시절부터 그때까지의 일이 주마등처럼 스쳐 지나갔을 것이다. 그리고 하루아침에 천상에서 지옥으로 떨어지는 느낌과 함께 공포가 몰려왔을 것이다.

그렇게 며칠이 흐른 후 그는 해고의 부당함을 호소하기 위해 서명을 받았다. 하지만 회원 중 동참해준 사람은 30~40명에 불과했다. 당시 회원이 2000명을 넘었던 것을 생각하면 참담한 결과였다. 호시가오카사료에서 고문을 맡았고, 로산진을 좋아해 가마쿠라로 이사까지 온 엔다이와 세이베에도 그때는 로산진의 편이 아니었다. 물론 엔다이는 로산진의 독단적 행보를 우려하고 있던 차에 자중하기를 바라는 마음에서 그를 두둔하지 않았을 뿐이고, 로산진이 순순히 물러나리라고는 상상도 하지 못했다.

그때 로산진과 다케시로를 화해시키기 위해 가장 열성적으로 노력한 사람은 아라카와 도요조였다. 그는 1927년부터 1933년까지 세이코요에서 로산진과 같이 일하다가 미노로 돌아가 도자기 연구에 몰두하고 있었다. 어느 날 호시가오카사료로부터 전보가 와서 가보니 다케시로가 여름 선물용 재떨이를 주문하는 것이 아닌가. 도요조는 당연히 로산진 가마에서 하면 되지 않느냐고 했고 이에 다케시로는 사건의 전말을 전해주었다. 깜짝 놀란 도요조는 그길로 로산진을 찾아갔다. 로산진은 완전히 풀이 죽어 있었다. "모두가 내 적이라네" 하며 눈물까지 보였다.

도요조는 로산진의 모습을 보고 도저히 그냥 돌아갈 수가 없었다. 그는 만사를 제쳐두고 교토에 있던 세이베에를 찾아갔다. 그리고 호시가오카사료의 성공을 이루어낸 로산진의 업적과 그의 성격을 얘기하며 해고는 심하다고 주장했다. 결국 세이베에의 마음을 움직인 도요조는 도쿄로 돌아와 다시 다케시로를 만났다. 다케시로 역시 파국을 피하고 싶었던지 로산진과 만날 약속을 잡았다.

긴자에 있는 음식점에 제일 먼저 도착한 사람은 로산진이었다. 그가 별실에 혼자 앉아 있는 동안 다케시로, 세이베에, 그리고 도요조가 도착했다. 여주인이 로산진을 데리러 갔을 때 그는 별실에서 꼼짝도 하지 않았다. 마냥 기다릴 수 없었던 세 사람은 가버렸고 화해도 할 수 없었다. 왜 로산진이 그곳까지 갔으면서 그렇게 소극적이었는지는 알 수 없다. 마치 겁에 질린 듯한 표정이었다는 여주인의 이야기로 미루어 볼 때, 로산진은 아마 심한 정신적인 충격으로 문제가 있었던 듯하다.

로산진이 쫓겨난 이후 호시가오카사료는 내리막길을 걸었다. 다케시로는 식기를 조달하기 위해 도요조에게 부탁했으나 그는 거절했다. 가토 도쿠로에게 의뢰했지만 결과는 좋지 않았다. 뿐만 아니라 다케시로가 믿었던 실질적 요리장 오키타도 죄책감 때문에 은둔해버렸다. 오키타만 있으면 맛을 낼 수 있다고 믿었던 다케시로는 당황했다. 게다가 로산진 해고에 앞장섰던 지배인이 그만두면서 요리장 오키타와 여종업원의 반 이상을 데리고 나가 나카메구로中目黑에 '리잔소驪山莊'라는 요정을 열었고, 많은 회원들이 그쪽으로 옮겨갔다.

예상치 못한 일이었다. 다케시로는 죽을 때까지 왜 로산진과 결별하게 되었는지 누구에게도 밝히지 않았다. 그는 로산진이 가진 예술적 재능과 세상을 놀라게 한 요리 실력을 존중한 사람이었다. 마지막까지도 해고를 망설였던 것으로 보아 많은 후회를 했을 것이 분명하다. 그들의 결별에는 로산진의 독단적 성격이 크게 작용했고 그런 증거와 증언이 아주 많다. 어쨌거나 사건 직후를 제외하고는 끝까지 서로에 대해 비난하지 않았다는 점은 그들의 결별이 여러 가지 사정이 복잡하게 얽혀 일어난 일이었음을 보여준다.

비록 호시가오카사료와의 인연은 끊어졌지만 정신을 차린 로산진은 고도자기 참고관과 가마 등의 소유권 문제와 관련해 변호인단을 꾸렸다. 그는 자신의 열렬한 팬이자 대역 사건을 비롯해 굵직한 사건의 변호를 맡았던 변호사 이마무라 리키사부로今村力三郎에게 일을 맡겼다.

불리한 소송인데도 법정 공방은 거의 9년간 이어졌다. 변호사의 수완 덕분인지 결국 가마는 로산진이, 요정은 다케시로가, 고도자기 수집품은 반씩 나누는 것으로 중재가 이루어졌다. 그러나 1945년 미군의 폭격으로 오사카와 도쿄에 있던 전대미문의 요정 호시가오카사료는 역사의 뒤안길로 사라져버리게 된다.

로산진의 결혼생활

1927년 가마 세이코요가 완성될 때 이미 로산진은 신변에 많은 변화가 있었다. 다이가도 예술점의 전신인 고미술 감정소를 연 지 얼마 후인 1918년 그와 아내 세키, 장남, 양부모, 이렇게 다섯 식구는 기타카마쿠라로 이사했다. 그때부터 두 번째 아내 세키와의 관계가 전처럼 원만하지 않았다.

세키는 여자가 보더라도 반할 만한 미모와 기품을 갖춘 여인이었다. 도쿄 니혼바시의 부잣집 딸인 그녀가 부엌일이나 허드렛일을 알 리는 없었다. 게다가 그녀가 한 지붕 아래서 반항기에 접어든 남편의 전처 자식 및 양부모와 같이 사는 것은 애초부터 쉬운 일이 아니었다.

로산진은 이사 후 도쿄의 가게에서 자는 경우가 많았다. 집과 거리도 있었고 주문받은 전각 작업도 있었으며, 가정에 얽매이는 걸 싫어했기 때문이다. 1921년 미식구락부 개업 이후에는 다케시로의 집에서 주로 묵었다. 기타카마쿠라에 본채와 가마를 조성할 때는 공사를 이유로 가정에 신경을 쓰지 않았고, 차실 무쿄안을 지은 후에는 차실에서 묵는 경우가 많았다.

"가정생활이라는 것은 예술가에게 장애물이다"라고 할 정도로 그는 가정생활에 얽매이는 걸 싫어했다. 그러다 보니 아내와의 관계에서 문제만 생길 뿐이었다. 이때 나타난 새로운 여자가 호시가오카사료에 근무하는 젊고 아리따운 스무 살 연하의 시마무라 기요島村きよ였다. 세키가 미모를 지녔다 해도 이미 서른여섯 살이었다. 게다가 그녀와의 사이에는 아이가 없었는데 당시 일본에서 그것은 여자의 약점이 되었다.

1927년 기요가 임신을 하고 배가 불러오자 로산진은 10월에 세키와 이혼하고 스물네 살의 기요를 호적에 올림으로써 세 번째 결혼을 하게 되며, 다음 해에 장녀이자 마지막 자식인 가즈코和子가 태어난다.

하지만 그 결혼생활도 오래가지 못했으니 1938년 기요가 유부남 도공과 눈이 맞아 열 살 된 딸을 두고 집을 나가버리면서 또 이혼을 하게 된 것이다. 딸 가즈코를 보며 자신의 어린 시절을 떠올렸을까, 아니면 그 아이가 글씨에 재능을 보였기 때문이었을까, 로산진의 가즈코에 대한 사랑은 각별했다. 자식에게 엄마가 필요하다고 생각한 로산진은 1938년 12월 교사이며 요리연구가인 구마다 무메熊田ムメ와 네 번째 결혼을 한다. 하지만 불과 3개월 남짓 살다가 또다시 이혼을 하고 만다. 다음 해인 1940년 12월 게이샤였던 우메카梅香와 다섯 번째이자 마지막 결혼을 하는데, 그마저도 2년 후인 1942년 쉰아홉의 나이에 이혼으로 끝을 맺고 만다.

이렇게 결혼과 이혼의 반복은 그의 성격에서 비롯한 것이 분명하다. 아내에게 고함을 치며 음식상을 뒤엎은 이유는 단지 밥상을 제대로 차리지 않았기 때문만은 아니었을 것이다. 그의 성장 과정에서 여성은 따뜻하고 부드러운 존재가 아니었고, 그런 그의 모성 결핍은 여성에 대한 조롱과 학대로 나타났을 가능성이 충분히 있다.

기요가 딸을 두고 집을 나갔을 때는 딸이 자기 자식이 아니지 않을까라는 의심까지 했는데, 이것도 결국 어린 시절 어머니에 대한 경험과 관련이 있다. 그의 어머니는 다른 남자의 자식을 밴 일이 있었고, 아버지의 자살은 그런 사실과 관련되어 있다는 이야기가 전해져온다. 결국 불행했던 가정환경은 어떤 형태로든 로산진의 삶에 영향을 미쳤음이 분명하다.

나의 도예는 일본의 다양한

고전적인 도자기를 모범으로 삼고 있다.

또한 조선과 중국 그리고

서양의 고전적인 도자기도 포함한다.

그러나 나는 자연의 미를 유일한 스승으로

우러러보고 추구해왔다.

결국 나의 도예는 모두 자연에서 탄생한 것이다.

—로산진

5

도예의 세계가 꽃피다

도예의 길에 들다

호시가오카사료의 성공은 로산진의 또 다른 욕구를 자극했다. 바로 골동품 수집이었다. 그는 골동품을 찾아 교토, 도쿄, 오사카, 가나자와 등 전국을 돌아다녔다. 그 결과 요정을 열고 난 7, 8년 후 고도자기 참고관에는 약 3천여 점의 명품이 모이

가마에서 막 꺼낸 도자기들

게 된다. 일본 골동품뿐만 아니라 조선과 중국의 골동품도 그의 수집 대상이었다. 중국에서는 카이펑에서 뤄양을 연결하는 철도 공사를 할 때 많은 고분들이 발굴됐는데, 7~8세기 당나라 때의 독특한 도자기인 당삼채唐三彩도 이때 출토되었다. 또 청나라 붕괴와 맞물려 약탈을 우려한 황족에 의해 대량의 보물들이 시장에 나왔고, 만주사변과 대공황 등 복잡하고 급격한 변화가 생겨 중국으로부터 많은 미술품이 일본에 유입되어 큰 시장이 형성되었다. 이런 상황에서 감식안이 뛰어난 로산진은 명품 골동품을 모을 수 있었다.

그리고 그는 전시회를 통해 예술가, 특히 도예가로서의 입지를 다지기 시작했다. 비록 그가 호시가오카사료의 성공으로 유명해지긴 했으나 처음부터 미쓰코시, 다카시마야高島屋 같은 백화점 전시장을 사용할 수 있었던 것은 아니었다. 서도, 회화, 도자기 중 어느 한 장르를 전문으로 하지 않았기 때문이기도 했지만, 일본의 전시 문화는 나름의 전통이 있었기 때문이다. 전

호시가오카사료에서 열린 로산진의 첫 전시회

분청 찻사발
(일본명 하케메 다완刷毛目茶碗)
로산진은 계룡산 분청 도자기를 좋아했으며 1928년 조선에 가마터 답사를 위해 왔을 때엔 흙을 가지고 가서 빚기도 했다.

시에 관한 한 초보였으니 유명 백화점 전시를 허락받을 수 없었던 것은 당연한 일이었다.

1925년 첫 개인전인 '제1회 로산진 습작전'이 호시가오카사료에서 열렸다. 출품된 작품을 보면 서예가 60퍼센트였고 도자기가 30퍼센트를 차지했다. 나머지는 전각이나 편액이었다. 그로부터 3년 후, 도쿄 미쓰코시 백화점에서 열린 도자기 전시회를 시작으로 그는 본격적인 도예가의 길을 걷게 되며, 호시가오카사료의 성공으로 얻은 명성과 더불어 '도예가 로산진'으로 진화해갔다.

새옹지마, 도예가로 이름을 새기다

호시가오카사료의 개업은 로산진에게 요리인으로서의 출발점이 되었지만, 그곳으로부터의 퇴출은 도예가로서의 출발점이 되었다. 그는 가마의 간판을 '로산진아도예술연구소魯山人雅陶藝術研究所'로 바꾸었다. 그러나 그의 당시 형편은 열 명이 넘는 직인들의 급료는 고사하고 자신의 생활비마저 없는 실정이었다. 쓸 줄만 알았던 그에게 저축한 돈이 있을 리 만무했다. 도자

로산진이 만든 그릇들

로산진이 만든 도자기들

기 및 서화 전시회, 간판 제작과 건물 인테리어 등을 했지만 수입이 일정치 않았고 그것을 계획적으로 관리하지도 못했다.

무엇보다 도자기 작품을 판매해줄 미술상이 필요했다. 그것을 해결해준 사람이 20년 동안 알고 지내던 도쿄화재보험 사장 미나미 간지南莞爾를 비롯해 제약회사 와카모토의 나가오長尾 부부, 도자기상 구로다 료지黒田領治 등이었다. 특히 서도 공부를 하던 료지는 호시가오카사료에서 로산진을 만난 이래 친분을 계속 유지해왔으며, 니혼바시에 도자기점 구로다후가도엔黒田風雅陶苑을 운영하고 있었다.

료지의 아들인 구로다 구사오미 씨. 로산진 전문가이며 도쿄 시부야의 도자기 전문 갤러리 구로다도엔黒田陶苑의 경영자이다.

제약회사 와카모토는 사장의 아내인 요네よね가 경영을 맡고 있었는데, 회사의 재정 상태가 매우 건실했다. 성격이 남성적이었던 요네는 대단한 골동 수집가여서 수입의 반 이상을 골동 수집에 쏟을 정도였다. 여성으로서는 특이하게도 도검류를 좋아했지만, 로산진을 알게 되면서부터는 도자기, 서화, 골동으로 관심의 폭이 넓어져갔다.

요네는 로산진의 경제 사정을 알고 도움을 주기 위해 도자

인기가 많았던 청화백자
복福 자 접시.
수천 개를 구웠다고 하는데
모두 글씨체가 다르다.
지금 가격은 다섯 개
한 세트 4800만 원이다.

로산진의 개성이 넘치는
부채 모양 오리베 도자기

기를 회사의 판촉품으로 주문했다. 동시에 로산진을 알리기 위해 료지 등에게 의뢰해 다량의 팸플릿을 제작했는데, 거기에는 로산진 가마의 조감도와 많은 예술가, 문화인의 추천글이 들어갔다.

반응이 아주 좋았다. 회사뿐만 아니라 도예가 로산진의 주가도 오르기 시작했다. 주로 제작했던 식기는 청화백자 복福 자 접시, 오리베 부채 모양 접시織部扇面鉢 등 약 10여 종이었다. 당시 청화백자 복 자 접시만 수천 개를 구웠다고 한다. 로산진은 이때 개인지 『아미생활雅美生活』을 창간하나 그리 오래가지는 못했고 4호로 폐간했는데, 료지가 그것을 인수해 격월간 『도심아보陶心雅報』로 이어갔다.

창립 50주년을 맞은 도쿄화재보험을 비롯해 은행과 회사의 도자기 주문도 많았다. 자생적인 로산진 예술 동호회라 할 수 있는 '로산진예술반포회'가 창립되어 도쿄를 비롯해 오사카와 교토까지 회원이 생겨났다. 도예가로서 로산진의 이름이 분명히 각인된 것이다. 1937년경부터 그가 제작한 도자기는 매년 수천 점에서 1만 점 정도가 되었다. 직인들도 추가로 영입해 가마의 가족은 무려 50여 명으로 늘어났다.

많은 양의 도자기를 제작했기에 물레 성형은 거의 물레 대장에게 맡겼다. 그래도 기물 성형이나 유약, 그림, 불때기에 걸쳐 로산진의 손을 거치지 않는 것은 없었다. 어떤 때 로산진은 오전에만 수백 점의 그림을 그리기도 했다. 그를 지켜본 사람들은 그렇게 많은 작업을 하는데도 허투루 만들어지는 것이 하나도 없으며 볼수록 정감이 가는 그릇들이라고 입을 모았다. 로산진은 자신감이 넘쳤다.

내 손이 한번 닿기만 하면 예술품으로 변한다. 예술 작품이냐
아니냐는 물레를 어디까지 누가 했느냐에 있는 것이 아니라,
"미는 인간으로부터 나온다."라는 기본 정신에 있다.

대량으로 제작했기에 예술적으로 낮은 평가를 받을 수도 있었겠지만 로산진의 작품은 전혀 그렇지 않았다. 그의 작품에

매겨진 높은 가격이 그것을 증명한다. 지금도 고급 요정으로 유명한 도쿄의 후쿠다야福田家는 그릇부터 건물 인테리어까지 로산진의 솜씨이며, 나고야의 핫쇼칸八勝館, 오사카의 깃초吉兆 등도 로산진의 식기를 선호한다.

세월이 흐른 후 1951년 프랑스 파리에서 열린 '현대 일본 도예전'에서 로산진의 도자기는 하마다 쇼지의 도자기와 함께 가장 좋은 평가를 받기에 이른다. 뒤에 로산진이 프랑스에서 피카소를 만나게 되는 것도 피카소가 로산진의 작품을 눈여겨보았기 때문이다. 도예가로서의 로산진은 만년에 외국까지 널리 이름이 알려졌다. 실제로 미국 록펠러 재단에서는 로산진 전시회를 기획하고 초청하기도 했다.

생전의 전시회는 약 34년간 22회가량 개최되었고, 사후에도 사망한 1959년부터 최근까지 20회 넘게 계속되고 있다. 특이한 것은 사후 50년이 지난 2010년 이후에도 전시가 매년 빠지지 않고 열린다는 사실이다. 죽은 뒤에 오히려 인기와 관심이 더 많아진 것이다. 지금도 로산진 전시회는 전국 순회로 열리고 있다.

그 이유는 분명하다. 로산진의 도자기는 형식보다 실용을 추구하는 현대인의 입맛에 딱 들어맞기 때문이다.

로산진의 도자기 가격

로산진에게서 요리를 배웠고 지금도 활동하고 있는 쓰지 요시카즈는 미술품을 고를 때마다 한 가지 질문을 던지는데, 그것은 "이 작품을 로산진 선생이 좋아할까, 싫어할까"라는 질문이다. 이는 로산진의 뛰어난 감식안을 우회적으로 말해주는 사례이기도 하다. 오늘날의 사람들은 로산진의 작품에 어느 정도의 가치를 매길까? 우리는 가장 최근에 거래된 가격을 통해 그 가치를 알아볼 수 있다.

2009년은 로산진이 사망한 지 50년이 되는 해였다. 2009년 4월 한큐 백화점 우메다 본점에서 '기타오지 로산진 전'이 열렸다. 여기에는 총 60점의 작품이 매물로 나왔는데 그 작품들 중 몇몇의 가격을 살펴보자.

로산진 작품 판매 사진 및 작품 설명

시가라키 꽃병信樂花入(1956)
25.3cm×25.3cm×高30.2cm | 2억 7천만 원

만년에 만든 뛰어난 항아리 중의 하나. 안정감이 있고 수수한 느낌의 시가라키信樂 도자기이다. 가을 풀을 빗살무늬로 박력 있게 표현했는데, 나선 모양의 선이 생동감을 주는 작품이다.

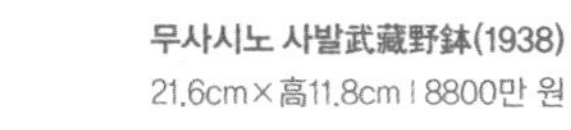

무사시노 사발武藏野鉢(1938)
21.6cm×高11.8cm | 8800만 원

그릇의 허리가 낮아 안정감이 있는 사발이다. 동백을 그린 사발과 더불어 쌍벽을 이루는 작품으로 평가된다. 금과 은을 섞은 유약으로 보름달을 그렸고 허리께부터 가을 들판을 묘사했다.

은채 새 그림 접시銀釉鳥ドラ鉢(1957)
23.4cm×高5.5cm | 5500만 원

두 마리의 새를 묘사한 은채 작품. 비젠備前 도자기에다 녹유로 새를 그리고 황유를 물방울처럼 뿌린 다음 은채를 입혔다. 흙맛이 좋은 작품이다. 전통적인 비젠 도자기가 아니라 모양이나 용도를 실용적으로 바꾼 도자기이다.

오리베 조가비 모양 접시織部貝形鉢(1957)
26.0cm×24.6cm×高7.0cm | 4800만 원

오리베織部 도자기는 로산진이 인간국보 지정을 요청받았던 분야이다. 오리베 유약의 깊은 맛이 돋보이는 조가비 모양의 접시다.

고스 사발吳須赤繪大鉢(1928)
20.6cm×高9.7cm | 3800만 원

아주 초기의 작품이라 크기에 비해 가격이 낮은 편이다. 적색, 청색, 녹색의 그림이 뛰어난 사발이다. 고스吳須는 중국 명나라 때의 도자기인데 일본 다도에서 인기가 많았다.

하기유 풀 그림 접시萩釉草模樣平鉢(1950)
24.9cm×高6.3cm | 3400만 원

풀을 곡면에 빠르게 그려 생동감이 돋보인다. 철화와 하기萩 유약의 조화도 부드럽다. 그림이 가득 차 있지만 복잡한 느낌이 없어 어떤 요리를 담더라도 거부감이 안 드는 그릇이다.

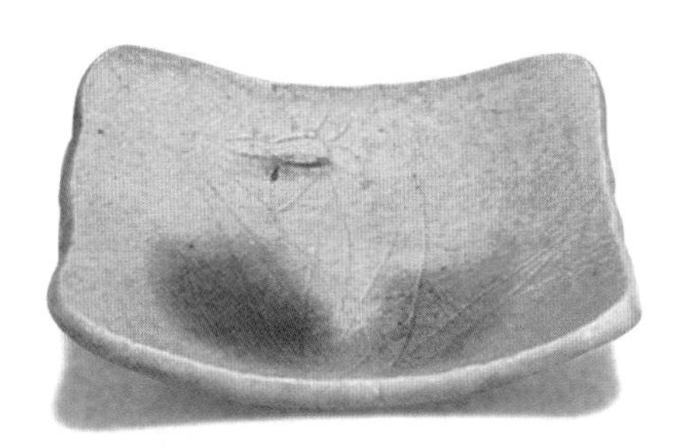

황세토 사각 접시黃瀨戶阿や兔四方鉢(1931)
19.8cm×19.6cm×高4.8cm | 2500만 원

푸른 유약과 황색 태토의 배색이 부드럽게 어울린 사각 접시다. 창포 그림은 강한 선으로 표현하여 싱싱한 느낌을 준다.

시노 다완志野茶碗(1958)
12.8cm×高7.5cm | 5500만 원

하얀 장석 유약과 태토의 붉은색이 절묘한 조화를 이룬 다완이다. 허리부터 굽에 이르는 부분을 깎은 솜씨와 균형감이 뛰어나다. 전(입 대는 곳) 부분도 매우 개성이 있다.

시노 술잔志野さけのみ(1955)
6.4cm×高5.4cm | 3천만 원

도자기의 가치를 판단할 때 크기는 중요하지 않다. 일본에서 이 술잔은 작지만 매우 비싼 작품 중 하나이다. 풀을 섬세하면서도 힘있는 필치로 그렸고, 입을 대는 부분을 각지게 만든 것이 특징이다.

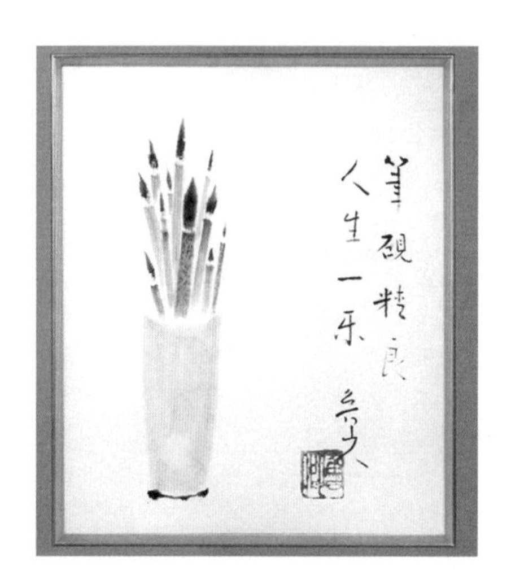

筆図 色紙(1939)
24.0cm×27.1cm | 6100만 원

'筆硯精良 人生一樂'은 뛰어난 붓과 벼루를 가까이하는 것은 인생의 최고 즐거움이란 뜻이다. 서도는 로산진에게 평생의 동반자였다.

清霊 濡額(1937)
63.2cm×29.8cm | 4800만 원

'清霊'은 맑은 영혼이라는 좋은 의미이다. 차실이나 응접실에 걸기에 알맞다. 거리를 두고 보면 호분을 바른 글자가 마치 떠다니며 춤추는 듯 약동감이 느껴지는 작품이다.

一行書幅(1959)
121.0cm×15.0cm | 5500만 원

가장 만년의 작품이다 '白雲盡處是青山'은 흰 구름이 다하는 곳이 청산이란 뜻이다. 파란만장했던 삶에서 얻은 깨달음을 쓴 것 같다.

도자기 세계

로산진의 도자기는 중국과 조선의 도자기에서 출발했다. 그는 미식구락부에서 호시가오카사료 초반까지 청자와 계룡산 도자기, 백자를 선호했다. 그는 조선 도자기의 예술적 가치를 높이 평가했다.

> 조선의 도자기는 중국의 것과 다르다. 제작 기교나 느낌은 일본의 것과 공통되는 점이 있으며 중국의 것보다 한층 친근감이 있다. 편호 하나만 보더라도 취향이 잡스럽지 않으며, 흠이 있는 듯하면서도 완전하고 자유로운 분위기가 전체를 감싼다. 이 점이 예술적이다. 중국에도 여러 가지 편호가 있지만 너무 기교적이며 잘 꾸며진 느낌이다. 그것은 실용적인 면에서 필요가 있을지 의문이며, 관상용으로 보더라도 예술적 생명력이 부족하다.

조선의 도자기
편호와 장군병(오사카 시립동양도자미술관 소장). 가운데 것은 로산진이 만든 편호이다.

조선의 도자기가 일본의 도자기와 공통된 점이 있다는 말은 당연한 말이다. 일본은 토기부터 자기까지 한반도의 영향을 받았기 때문이다. 또한 일본이 자랑하는 전통문화인 다도가 추구하는 미는 단순 소박하면서도 깊은 맛을 지닌 조선의 분청사기와 상통하는 면이 많다. 로산진이 분청사기를 선호했던 것도 같은 맥락에서이다.

로산진은 중국과 조선의 도자기에서 출발해 점점 일본의 도자기를 소화해내기에 이른다. 다시 말해 일본 문화에 어울리는 도자기를 추구하게 된 것이다. 그 계기가 된 것이 1930년 도요조와 함께 작업한 미노의 가마터 발굴이었다. 이 발굴은 일본 도자 역사상 가장 대규모의 발굴이었다.

당시 로산진의 조건은 도자기 연구에 최적의 상태였다. 이미 2년 전에 도요조 및 장남 오이치와 함께 조선의 가마터를 답사하여 도자기 노하우를 확보하고 있었다. 게다가 호시가오카사료는 최고의 호황을 누리고 있어서 경제적 지원이 얼마든지 가능했다. 세이코요를 열어 도자기 작업도 탄력을 받고 있을 때였다.

시모노세키에서 부산으로 향하는 배에서의 로산진

옛 가마터를 발굴했다고 해서 곧바로 도자기를 재현할 수 있는 건 아니다. 흙과 유약, 사금파리를 분석하고 가마의 형태 등에 대한 면밀한 연구와 실험이 있어야 한다. 로산진은 연구와 실험을 통해 많은 새로운 사실을 알게 되었다. 고미노古美濃의

일본으로 가지고 간 흙으로 빚은 계룡산 찻사발

도자기 가마는 규슈 지방의 가라쓰唐津 가마의 영향을 받은 반지하식 혈요穴窯였는데, 여기서는 시노 도자기와 황세토黃瀨戶 도자기를 함께 구울 수 있다는 사실을 알아냈다. 또한 시노 도자기의 중심 유약이 되는 장석을 새롭게 찾아내기도 했다. 이런 연구 결과를 가지고 로산진은 시노와 황세토 도자기를 구울 수 있는 전용 가마를 새로이 박고 시노, 황세토, 오리베 등 16세기 후반 모모야마桃山 시대의 도자기를 재현해냈다. 1935년에 열린 전시회에서 로산진은 그 결과를 발표하였는데, 그때 시가라키, 가라쓰, 청화백자 등 다양한 장르의 도자기도 선보였다. 이제 로산진이 특히 좋아했던 도자기 장르를 살펴보자.

시노志野와 오리베織部

로산진은 자연유 도자기*인 이가伊賀, 시가라키, 비젠도 좋아했지만 시노와 오리베를 유별나게 좋아했다. 발굴과 재현을 하면서 특별히 애착을 가지게 되었을 것이다. 로산진은 시노와 오리베를 아름다운 부부에 비유해 시노가 있는 곳에 오리베가 있고 오리베가 있는 곳에 시노가 있다고까지 했다.

로산진의 시노 도자기는 아라카와 도요조나 가토 도쿠로의 것과는 달랐다. 처음에는 시노를 하얀 유약의 도자기로 생각했지만 곧 거기에서 스며나오는 붉은색의 매력에 빨려들었다. 로산진의 시노 도자기는 시간이 지날수록 붉은색의 맛이 더욱 깊

*유약을 입히지 않은 채로 불때기를 하여 1300도 이상의 고온에서 재라든가 태토가 유리질화하여 유약의 맛을 내는 도자기.

로산진의 다양한 시노 도자기들

어졌다. 로산진은 시노 유약의 핵심인 장석에 관심을 기울였고, 결국 후쿠이, 비와 호 근처에서 출토되는 풍화장석을 이용해 '로산진 시노'를 만들어냈다. 만년의 붉은 시노 작품은 그의 대표작 중의 하나가 되었고, 피카소를 만났을 때 선물로 준 것도 붉은 시노 도자기였다.

로산진은 오리베 도자기가 지닌 형식의 자유분방함과 다양성을 좋아했다. 이런 특성은 일찍이 일본 미술사에서 찾아보기 어려운 면이었다. 오리베 도자기의 시조가 되는 인물은 후루타 오리베古田織部로서, 그는 다도를 집대성한 센노 리큐가 도요토미 히데요시와의 불화로 할복한 뒤 다도의 맥을 이은 사람이다. 오리베는 선禪적이며 소박했던 이전의 다도에서 벗어나 동적이고 자유로운 형식을 다도에 도입했다. 이는 로산진의 예술정신과도 상통하는 측면이기도 하다. 오리베 역시 16세기 후반

로산진의 오리베 도자기들

모모야마 시대의 도자기를 좋아했지만 점점 도자기를 자신의 취향에 맞게 바꾸어나갔다.

지금까지 오리베 도자기 분야에서 인간국보로 추천된 사람은 로산진이 유일할 정도로 그는 흙과 유약 사용뿐 아니라 제작 방법과 모양에서도 개성이 뚜렷했다.

로산진은 봄을 상징하는 초록의 오리베 도자기에 가을 풀을 그려넣기도 했고, 가을을 나타내는 붉은 시노에 봄 풀을 묘사하기도 했다. 정열과 생명력의 붉은 시노, 자유분방한 디자인의 오리베는 그의 삶의 두 축과 같았다.

긴란데金襴手

로산진의 긴란데도 걸작으로 꼽힌다. 긴란데는 백자 위에 붉은색과 초록색 그리고 찬란한 금빛을 어우러지게 한 도자기이다. 유명한 석유 재벌인 나카노 주타로中野忠太郎는 중국 도자기와 모모야마 시대의 일본 도자기를 아주 좋아했다. 1938년 여름, 주타로는 중국의 긴란데를 로산진에게 보여주며 무코즈케 접시와 전차煎茶 다완을 만들어보라는 제안을 했다. 이미 중국 도자기에 흥미를 잃고 모모야마 시대 도자기에 빠져 있던 로산진이었지만 그의 열정에 감동해 제안을 받아들이게 된다. '일본 최고의 긴란데를 만들 것' '비용이 얼마나 들든지 따지지 않을 것'이라는 말이 로산진의 자존심을 살려주었고, 또 이 기회에 중국의 것을 뛰어넘는 긴란데를 만들어보고 싶다는 생각이 그를 움직였다.

긴란데는 송나라 때 시작되어 원과 명을 거치면서 수출품 도자기로 이름을 날렸다. 그 영향으로 일본에서도 규슈의 이마리伊万里나 아리타有田 등지에서 긴란데를 제작했으나 격과 질이 떨어졌다. 로산진도 일본의 긴란데는 아오키 모쿠베이의 것을 제외하면 볼 만한 것이 없다고 혹평했다.

긴란데를 시도한 로산진은 1년 동안 실패를 거듭한 끝에 금가루를 입히고 그 위에 가는 철필로 긁어서 문양을 넣는 기존의 방법이 아니라, 금박을 잘라 붙인 듯한 새롭고 독창적인 방법을 고안해냈다. 불행하게도 그의 긴란데 제작 방법은 전해지지 않고 주변 사람의 이야기만 전해질 뿐이다. 어쨌거나 도자기 연구가 고야마 후지오小山富士夫는 긴란데를 '로산진의 최고 걸

로산진이 만든 긴란데 물주전자

작'이라고 극찬했으며, 의뢰자인 주타로도 사망 한 달 전에 완성된 긴란데를 보고 매우 만족했다고 한다.

비젠備前

비젠은 로산진이 도자기를 빚으면서 가장 마지막에 만난 분야였다. 자연유 도자기인 비젠은 오카야마岡山 현 비젠 지방의 도자기로, 아리타 도자기나 구타니 도자기에 비해 일본 도자기답지 않은 수수한 도자기이다. 그러나 다른 시각으로 보면 단순 소박하지만 무척이나 호감이 가는 도자기이다.

쇠퇴해가던 비젠 도자기를 부흥시킨 인물은 비젠 최초의 인간국보 가네시게 도요金重陶陽였다. 로산진은 2차 세계대전 직전 도요의 가마에 이틀 정도 머물 기회가 있어서 그때 비젠 도자기를 접했으며, 1949년 두 번에 걸쳐 도요의 가마에서 비젠 도자기를 만들었다. 그때 그는 도요를 비롯해 역시 인간국보가 되는 후지와라 게이藤原啓 등 유명 도예가들 앞에서 판상板床*을 만들어 보였다.

사실 비젠 도자기는 표면이 까칠까칠해 식기로 사용하기에는 적절하지 않았다. 이런 비젠 도자기의 흙맛을 단번에 파악한 로산진은 판상을 만들어 보였던 것이다. 그 장면을 바라보던 비젠 도자기 전문가들의 심정은 어떠했을까? 간단한 판상이 얼마나 격에 어울리는지는 요리를 담아보지 않아도 그들은

●
*물레를 이용해 빚은 접시가 아니라 손으로 형태를 빚어 디자인한 접시. 사각형, 부채형, 원형 등 모양이 다양하다. 일본에서는 '하치鉢'라 한다.

직감으로 알 수 있었다. 이는 로산진의 뛰어난 도자기 감각을 보여준 한 사례이다. 이렇게 그는 '왜' 도자기를 만드는가 하는 가장 기본적인 질문을 항상 던졌다.

로산진의 비젠 사발

1953년 2월에 로산진은 비젠의 폐가마를 해체하여 자신의 집으로 가져왔다. 도자기는 흙이 생명이기 때문에 태토도 비젠에서 가져왔다. 도요는 한 달 정도 머물면서 불때기 방법을 알려주었다. 로산진은 비젠을, 도요는 시노와 오리베를 배웠다.

그런데 도요가 돌아간 뒤로 비젠 도자기에 요변窯變*이 생기면서 도저히 원하는 대로 작품이 나오지 않았다. 게다가 가마에 결함이 나타나면서 본래의 비젠 도자기 맛도 없어져버렸다. 가마쿠라에서 비젠까지는 엄청난 거리여서 자주 오가기도 어려

●

*도자기를 구울 때 불의 움직임이나 유약의 성질에 의해 가마 속의 도자기에 예기치 않은 변화가 일어나는 일.

색채가 강한 로산진의
비젠 도자기

웠다. 로산진은 혼자서 연구를 하기 시작했다. 그는 불에 견디는 내화도가 높은 시가라키 흙을 섞고 강하게 불을 때 아주 새로운 맛의 비젠을 만들어냈다.

역시 로산진이었다. 그의 손에서 탄생한 비젠은 이전과는 다른 부드러운 도자기로 바뀌었다. 생기 있고 전혀 메마르지 않았다. 로산진의 비젠은 지금까지의 관념이나 전통을 무시하지 않고는 나올 수 없는 도자기였다. 그런데 마치 그것이 비젠의 본성이었던 것처럼 멋지게 탄생한 것이다.

은채銀彩

한때 로산진의 가마에서 일했던 야마모토 고잔山本興山이 간판 제작을 위해 나무에 써놓은 글씨의 먹이 너무 열어 그 이유를 로산진에게 물었다. 로산진이 대답했다.

"글씨는 읽을 수만 있으면 된다. 소중한 먹을 불필요하게 사용해서는 안 되겠지? 이 먹은 최고의 품질을 자랑하는 것이니까."

읽을 수만 있으면 되고 또 금방 파내버릴 글씨를 쓰는 데도 로산진은 최상품의 먹을 사용했던 것이다. 과도한 듯싶지만 바로 그것이 로산진의 철저함이었다. 먹은 소모품이라 할 수 있다. 그러나 로산진에게는 글을 쓰는 일 자체가 예술이기 때문에 아무 먹이나 쓸 수 없었던 것이다.

그의 요리에서도 잘 나타나듯 최고의 재료를 사용하되 함부로 버려서는 안 된다는 게 로산진의 철학이었다. 은채가 탄생한 것도 이런 맥락에서였다.

맘에 들지 않는 작품을 깨어버리는 일은 작가의 판단이다. 그것은 명품만 내놓겠다는 장인의 의지이기도 하다. 바로 앞에서 말했듯이 로산진은 비젠 도자기의 전혀 다른 모습을 보여주었다. 그는 가마 주위에 쌓인 실패한 비젠 도자기들을 보면서 그것들을 어떻게 이용할까를 고민했다. 그렇게 해서 탄생한 것이 은채 비젠이다. 기존의 비젠 도자기에다 은을 입힌 다음 보라색, 푸른색, 노란색 등의 안료로 문양을 그려 약 800도의 불에 구워낸 것이 은채 비젠이다. 불그스레한 비젠 위에 은은히 드러나는 은 채색이 아름답다. 시간이 지날수록 은이 산화하면서 묘한 아름다움을 발하는, 전혀 다른 도자기가 탄생했다. 만년의 로산진에게 요리를 배웠던, 당시 이십대 초반의 쓰지 요시카즈가 그것을 보고 물었다.

"선생님, 이렇게 번쩍이는 것이 뭐가 좋습니까?"

호통을 칠 줄 알았는데 로산진은 의외로 껄껄 웃으며 이렇

로산진의 은채 접시.
도쿄 에비스에 있는
음식점 '야마토리'의 주방장
기타가와 씨의 요리이다.

게 말했다.

"지금으로부터 20년, 아니 10년만 있다가 볼래?"

실패한 비젠은 로산진에 의해 은채 비젠으로 아름다운 새 생명을 갖게 되었다.

가도카도비보 火土火土美房

1939년경부터 전쟁이 끝날 때까지 로산진은 도자기보다 요리와 그림, 서도, 칠기, 전각에 더 힘을 쏟았다. 젊은 직인들이 전쟁터로 나갔을 뿐만 아니라 가마가 있던 곳이 요코스카 해군기지 부근이라 불을 마음대로 피울 수 없었기 때문이다.

로산진이 만든 칠기 그릇

1945년 일본의 패전은 내부적으로 많은 변화를 가져왔다. 많은 사람들이 가진 것을 잃어버렸고, 재벌은 해체되었으며, 지주는 농지개혁으로 땅을 강제 매수당했다. 정부는 큰 저택이나 선조로부터 물려받은 값비싼 유산에 높은 재산세를 부과했다. 물가가 오르고 현금의 가치는 떨어졌다.

로산진도 세금 때문에 기타카마쿠라의 본채 건물을 팔았고 새로운 영업을 모색해야 했다. 이전부터 전문적으로 자신의 작품을 팔아주던 구로다 료지와는 사이가 멀어져 있었다. 그즈음 로산진의 팬이면서 요리점 후쿠다야福田家를 운영하던 후쿠다 마치福田マチ라는 여자가 여동생에게 가게를 차려준 일이 있었는데, 그때 생겨난 것이 로산진 작품 전문 판매점 가도카도비보이다.

로산진은 도쿄 긴자에 세로 1.5미터, 가로 2.5미터의 큰 간판을 제작해 내걸었다. 당시는 미군들이 많았던 시절이라 'Specialty Shop of ROSANJIN Greatest Artist in Japan'이라는 영문도 같이 병기했다. 1947년의 일이었다. 당시의 작품 가격을 보면 오리베 사각 접시는 지금 가치로 15만 원, 술병 25만 원, 잔 8만 원, 전복 모양 사발은 80만 원쯤 했다. 500만 원 이상의 사발이 개점 전에 여러 점 팔렸는데, 이는 당시의 경제 사정으로 볼 때 대단한 일이 아닐 수 없었다.

가도카도비보의 안과 밖의 모습

1951년 파리에서 열린 전시회에서 호평을 받은 데다가 '일본 최고 예술가의 작품 전문점'이라는 간판과 팸플릿 효과로 로산진은 미군들의 관심 인물이 되었다. 특히 도자기 전기 스탠드는 인기 품목이었다. 그의 가마를 찾아오는 미군들이 늘어났고, 급기야는 제자가 되겠다는 사람까지도 생겨났다.

이 무렵 로산진은 일본계 미국인 조각가 이사무 노구치를 만나게 된다. 노구치는 원래 의학을 공부했지만 곧 조각으로 전공을 바꾼 예술가인데, 정원이나 공원의 조경, 무대 디자인

전복 모양 사발

등 여러 분야에서 이름을 날리고 있었다. 그는 원자폭탄이 투하되었던 히로시마에 평화 기념 시설 일로 가던 도중 나고야의 요정 '핫쇼칸'에서 1박을 하게 되었고, 거기에서 본 로산진의 그릇에 마음을 빼앗기고 만다. 노구치는 일을 마치고 곧바로 로산진의 가마를 찾아갔고 둘은 마치 부자지간처럼 가까워졌다. 노구치가 로산진에게 소개한 점령군 신문기자 시드니 B. 카도조Sidney B. Cardozo는 로산진의 소식을 자주 미국에 알렸고, 그것은 결국 로산진이 미국 전시회와 강연을 하게 되는 계기가 된다.

로산진의 도자기 전기 스탠드

초심자들은 찻사발을 보면

자기도 만들어보고 싶다고 아주 쉽게 말한다.

그런 사람은 틀림없이 어떤 찻사발을 보여주더라도

작가의 정신에는 이를 수 없다.

찻사발뿐만 아니라 모든 작품에는 작가의

전 인격이 고스란히 배어 있는데,

자신의 단점을 인정하고 받아들이는 그런 예술혼을

지니지 않는 한 자기 정신을

찻사발에 녹일 수 없기 때문이다.

—로산진

6

미국과 유럽으로

미식 여행

1953년 일본을 방문한 록펠러 3세 부부는 로산진 작품 판매점 가도카도비보에 들르게 되었다. 로산진은 가장 존경하는 료칸良寬 선사의 글을 모사하여 가게에 걸어놓았는데 록펠러 3세 부인이 그것을 사고 싶어했다. 파는 물건이 아니어서 로산진은 그냥 선물로 주었다. 이런 일과 미국 국적의 조각가 노구치와의 인연, 그리고 록펠러가 미일협회 회장이라는 사실이 복합적으로 작용해서 로산진은 록펠러 재단으로부터 개인 전람회와 강연을 제의받게 된다. 초청장에는 모든 체재비와 통역비는 재단에서 부담한다고 적혀 있었다. 그런데 로산진은 모든 비용을 자기가 부담하겠다며 정중하게 호의를 사양했다. 그 어떤 제약도 받지 않겠다는 의사 표시였다.

로산진이 미국과 유럽 여행을 하려 한 것은 전람회를 통한 문화 교류가 목적이었지만, 그에 못지않게 프랑스, 이탈리아 등의 유럽 요리를 경험하기 위해서였다. 그는 파리에 가게 되면 신문에 광고를 내서라도 옛 요리책이라든가 오래된 식기를 수집하리라 단단히 벼르고 있었다. 여행을 위해 로산진이 챙긴 물품이 전람회 출품 도자기 외에 와사비, 간장, 가다랑어포, 그리고 가다랑어포를 깎는 대패였다는 것은 과연 미식가다운 모습이었다. 그는 출발하기 전 다음과 같은 글을 남겼는데, 일본인의 것으로서는 매우 인상적인 글이다.

> 지금 외국 요리에 빠져 있는 일본인들은 수프는 알아도 된장국은 모른다. 빵맛은 구별하지만 밥의 깊은 맛은 모르고 있다. 나는 일본인이 일본 요리에 눈을 뜨고 일본이 가진 가치를 알게 하려는 일념으로 유럽 음식 여행을 한다고 말할 수 있다. 구미의 요리를 정확하게 이해하기 위해 선입견은 버릴 것이다. 까닭 없이 싫어하여 본질을 놓치는 일이 없도록 할 것이며, 내 입으로 직접 맛본 것, 눈으로 직접 본 것을 알리도록 노력할 것이다.
>
> 어쨌든 일본 요리는 감사한 음식이다. 일본의 자연은 천혜의 재료를 빚어낸다. 산과 바다에 식재료가 가득하고, 눈도 코도 입도 즐겁다. 구미인이 일본인처럼 회를 즐기는 습관이 없는 이유는 말할 것도 없이 산 채로 즐길 만한 물고기가 적기 때문일 것이다. 미국인들이 굴을 자랑하며 먹는다는 것은 맛만 있으면 누구나 날것으로도 먹을 수 있다는 증거이다.

1954년 4월 일흔한 살의 로산진은 미국으로 가는 도중 하와

해외여행 당시의 모습

이에서 첫 식사를 하게 되었다. 일본인이 경영하는 식당에서였다. 요리는 식용 개구리 다리를 올리브유에 튀긴 것이었는데 맛이 나쁘지 않았다. 아이스크림과 커피도 마음에 들었다. 이후 샌프란시스코의 이탈리아 요리점에서 먹은 왕새우나 샐러드도 일본 것에 뒤떨어지지 않았다.

그러나 로산진이 볼 때 미국 요리는 전반적으로 낙제 점수였다. 일류 요리점인데도 보잘것없는 식기를 썼고, 차림멋에는 아예 신경도 쓰지 않았던 것이다. 쇠고기, 돼지고기, 바닷가재 등 대부분의 재료는 맛이 떨어졌다. 겉으로는 맛있게 보이는 바닷가재도 단단할 뿐 풍미가 없었다. 특히 카페테리아를 보고는 미국인들의 음식에 대한 무신경에 탄식이 나올 정도였다. 다음은 지금 아주 보편화된 뷔페식에 대한 로산진의 언급이다.

손님은 이미 요리해놓은 고기나 샐러드를 자기 마음대로 고르고 있었는데, 거기에는 요리의 생명이라고 할 수 있는 신선함이라고는 없었으며 불결한 느낌만 들 뿐이었다. 결국 미국 요리는 합격점을 줄 수 있는 것이 드물었고 경멸할 만한 수준 이었다.

한 달 후 로산진은 런던을 거쳐 5월 중순 프랑스에 도착했다. 그곳에서 있었던 일화를 소개하면 다음과 같다.

파리 노트르담 성당의 강 건너편에 자리 잡은 '라 투르 다루장'은 오리 요리를 전문으로 하는 유럽의 대표적인 레스토랑이다. 1582년에 개업한 그곳은 최고급 레스토랑으로서의 격조와 자부심을 지금까지도 이어오고 있으며 손님들도 소위 에티켓을 갖춘 상류층이 주를 이룬다.

1954년 로산진은 두 명의 일본인과 동행하여 '라 투르 다루장'에 들렀다. 고유 번호가 붙은 오리를 통째로 살짝 익혀 손님에게 보여주고, 붙어 있던 번호만 놓고 다시 주방으로 가져가 소스와 양념으로 맛을 내는 것이 그곳의 전통이었다. 요리사가 오리를 보여주고 가져가버리자 로산진은 양념으로 맛을 내는 것은 오리고기의 독특한 맛을 죽이는 것이라 생각했다.

그는 동행했던 화가 오기스 다카노리荻須高德에게 오리고기를 그대로 가져오도록 통역을 부탁했다. 다카노리가 머뭇거리자 로산진은 이렇게 말했다.

"요리점에서 자기 돈으로 자기 식으로 먹고자 하는데 무슨 잘못이 있는가. 이쪽은 손님이네. 당당히 말하게."

고급 요리점은 그곳만의 전문 요리를 내놓는 것이 자랑이며 자존심이다. 지배인이 놀란 것은 당연했다. 예의가 없는 로산진의 태도는 당연히 이해할 수 없었지만, 양념이나 소스를 더

하지 말고 가져오라니 더 의아했다. 로산진은 연극을 하기로 마음먹고 다카노리에게 통역을 부탁했다.

"이 손님은 일본 도쿄 근교에 사는데 집 앞에 큰 못이 있고, 거기에 크고 작은 오리를 수천 마리 기르고 있습니다. 소문난 오리 연구가이며, 오리 요리에 뛰어난 사람입니다. 그런데 이 곳의 요리 방법이 마음에 들지 않는다고 합니다."

물론 그것은 거짓말이었다. 로산진은 들고 온 보따리를 풀어 간장과 와사비를 꺼냈다. 간장은 달거나 진하지 않고 적은 양으로도 재료와 어울리는 효고의 우스쿠치 간장이었다. 와사비는 혼와사비*여야 했지만 여행 중이라 휴대가 용이한 분말 와사비였다.

잠시 후 요리사가 오리고기를 그대로 가지고 왔다. 백발의 로산진은 천천히 분말 와사비를 물에 푼 다음 식초를 넣고 이겨 테이블 위에 놓아두고 간장은 따로 담았다. 그는 칼로 오리고기를 썰면서 주위를 둘러보았다. 모든 손님과 종업원, 요리사 들은 이 노인의 식사에 시선을 집중하며 의아해할 뿐이었다.

로산진은 프랑스 요리를 높이 평가하지 않았다. 식재료가 빈곤했고 물도 좋지 않았으며, 요리에 대한 공부가 부족하고 아름다움이 없었으며, 유치한 요리법에 값싼 그릇까지 그의 마음에 드는 것이 별로 없었다. 그는 혀를 차며 말했다.

●
*고추냉이를 직접 갈아서 만든 생와사비.

> 자기들이 최고인 줄 착각하는 프랑스인들, 그들의 것을 예찬하고 자기의 명예처럼 여기는 일본의 지지자들, 언제쯤 그들은 자기의 눈으로 사물을 보고 자기의 혀로 맛을 알게 될까?

이후 로산진은 이탈리아, 독일, 이집트 등을 돌며 2개월 반 정도의 여행을 했다. 그가 귀국한 후에 처음 한 얘기는 다음과 같다.

> 미국이나 유럽에 뛰어나게 맛있는 것은 없었다. 프랑스 요리를 칭찬하는 사람은 일본의 뛰어난 것을 보지 못한 불쌍한 사람이다. 일본에서 제대로 된 돈가스 하나도 먹어보지 못한 가난한 화가나 작가 들이 프랑스 요리는 맛있다고 떠벌린다. 로산진의 간절한 말을 들어라.

맥주 이야기

로산진이 뉴욕 알프레드 대학에서 '예술에서 인간과 작품의 관계에 대하여'라는 주제로 강연할 때의 일이다. 그곳은 주류 판매가 금지된 곳이었다. 그런데 강연 시간이 다 되어 로산진은 꼭 맥주를 마셔야겠다고 고집을 피웠다. 맥주를 마시지 않으면 강연을 할 수 없다고 했다. 현장에 있던 사람들의 난감한 표정과는 달리 로산진은 너무도 태연했으며 요지부동이었다. 더 큰 문제는 거기서 맥주를 파는 곳까지는 승용차로 한 시간은 족히 걸린다는 점이었다. 결국 주최 측은 로산진의 고집을 꺾을 수 없어 요구대로 맥주를 구해왔고, 그는 맥주를 마시고 나서야 강연을 시작했다. 그의 고집 때문에 청중은 세 시간을 기다려야 했다.

상식적으로 이해할 수 없고 비신사적인 행동을 거리낌 없이 하는 로산진이 그들의 눈에는 어떻게 보였을까? 알려진 바는 없지만 막무가내로 고집을 부릴 상황이 아니었다면 그의 행동은 의도적이었을 가능성이 높다. 혹시 술을 금지하는 것 자체에 대해 불만은 아니었을까?

로산진은 젊었을 때 여러 가지 술을 즐겼지만 나이가 들자 맥주 쪽으로 기울었다. 맥주 마시는 법을 보면 과연 식도락가 다웠다. 식사 때는 물론이고 때를 가리지 않고 맥주를 마셨으며, 일본 맥주 중에는 기린 맥주만을 고집했다. 미국 여행 때 그는 뉴욕 러시아 요리점에서 처음 마셔본 덴마크 맥주 '투보르그'에 반하기도 했다. 그래서 기린 맥주 외에는 투보르그만 마셨다. 하지만 투보르그는 구하기가 쉽지 않아 결국 마지막까지 즐긴 것은 기린 라거맥주였다.

일본의 주도에서는 상대방의 잔에서 술이 조금이라도 줄어들면 곧장 술을 채워주는 것이 예의이다. 일본 술이든 소주든 맥주든 마찬가지이다. 한국에서는 예의에 어긋나는 일이지만 그들에게는 상대방에 대한 관심과 배려의 표시이다. 하지만 로산진은 달랐다. 절대로 남이 자신의 잔에 술을 따르지 못하게 했다. 스스로 따르되 마실 만큼만 따랐다. 마실 때가 아니면 항상 잔이 비어 있었다. 그것은 맥주를 가장 신선하게 즐기기 위함이었다. 잔에 맥주를 채워놓으면 탄산가스가 날아가고 거품이 사라진다. 소위 '김 빠진 맥주'가 되는 것이다. 미식가 로산진은 이런 점도 철저히 따졌다.

그는 또 작은 병맥주만을 고집했다. 병뚜껑을 열 때부터 맥주 맛이 사라지기 시작하므로 작은 병맥주일수록 더욱 신선한 상태로 마실 수 있기 때문이었다. 또 식탁 위에서 큰 병은 너무

두드러져 보이기 때문에 상의 조화를 깨뜨린다고 여겼다. 뿐만 아니라 그는 거품을 풍부하고 오래 지속하게 하는 맥주잔, 특히 시노 도자기 맥주잔을 빚어 즐기기까지 했다. 진정한 애주가였던 것이다.

로산진의 무덤에 놓여 있는 도자기 맥주잔

교토에 있는 그의 무덤에는 도자기 맥주잔이 놓여 있다. 손자와 손녀가 있었지만 기타오지 가문을 이은 사람은 딸과 외손자였다. 로산진이 기타오지 가문으로 돌아왔을 때, 자신이 양자로 가 있던 후쿠다 가문으로 장남을 대신 보냈던 것이다. 외손자 기타오지 히로시北大路泰嗣는 현재 나고야에서 가마를 열고 도자기를 빚고 있다. 무덤의 맥주잔은 그가 빚어서 갖다놓은 것일까?

여행 스케치

로산진의 성격은 돈 씀씀이에서도 그대로 드러난다. 당시에는 해외여행 때 개인이 가져갈 수 있는 외화의 한도가 정해져 있었다. 체류 날짜를 계산하여 외화 보유를 제한했는데, 민간인은 하루 2달러, 대신급은 하루 20달러 정도였다. 그는 힘있는 정치인을 구워삶아 한도를 하루 20달러로 높였다. 그렇게 로산진이 준비해 간 돈은 현재 가치로 거의 10억 원에 가까웠다.

무료 초청이었지만 그것을 거절한 로산진은 경비 조달을 위해 파나마 화객선의 실내에 벽화를 그렸고 개인전까지 열었다. 그래도 턱없이 부족한 경비는 대부분 지인들에게 빌릴 수밖에 없었는데, 이렇게 진 빚은 사후까지 그를 옭아매었다.

1954년 4월 뉴욕 근대미술관에서는 약 200점의 작품을 전시하는 '로산진 전'이 열리게 되었다. 록펠러 회장은 로산진이 일본의 전통 복장인 기모노를 입어주기를 바랐고, 측근을 통해 그 의사를 전달했다. 그러나 로산진은 딱 잘라 거절했다.

"난 구경거리가 아니오. 그렇게 원한다면 록펠러가 기모노를 입으면 되지 않소? 그것도 안 된다면 난 돌아가겠소."

그는 늘 입던 대로 양복을 입고 나갔다. 기모노를 입어달라는 요청은 일본 문화를 보고 싶다는 바람으로 받아들인다면 될 일이었다. 하지만 로산진에게는 자신의 결정만이 법이었다. 그때 전시장에서 록펠러 3세 부인이 악수를 청하며 건넨 말이 재미있다.

"당신은 두 번 다시 만나고 싶지 않은 사람입니다. 하지만 당신의 작품만은 꼭 다시 만나고 싶군요."

무료 초청을 사양하고 경비를 본인이 조달한 것은 로산진의 독단적인 성격을 생각하면 이해가 되는 일이다. 그는 자신의 법대로 사는 사람이었다. 워싱턴 전람회에서는 대낮부터 술에 취해 전시장에 들어가려고도 하지 않았고 미국에는 볼 만한 게 없다고 투덜거리기까지 했다. 그런 그였지만 모든 전시회를 마치고 미국을 떠날 때 작품을 미술관과 미술학교에 무상 기증한 일은 그의 또 다른 모습을 보여주는 일화이다.

해외여행의 대미를 장식한 것은 피카소와의 만남이었다. 피카소는 3년 전인 1951년 프랑스 파리에서 열린 '현대 일본 도예전'을 통해 로산진을 알았다. 그때 그는 로산진의 시노 접시를 아주 높이 평가한 바 있었다.

파리의 여러 미술관을 순회한 로산진은 1954년 5월 하순 피카소가 사는 남프랑스로 갔다. 그는 피카소에게 보여주기 위해 이미 후쿠다야의 소유가 된 붉은 시노 도자기와 아카에 도자기를 빌려 가지고 가기까지 했다. 피카소를 만나 예술에 대한 이야기를 나눈 인상을 로산진은 이렇게 표현했다.

"예술가다운 솔직함, 격이 높은 태도, 입에 발린 말을 하지 않는 진솔함, 그리고 예리함과 지혜를 갖춘 보스 기질의 인물 같았다."

좌_로산진과 피카소
우_로산진과 샤갈

유명한 일화 하나가 있다. 피카소를 만난 로산진은 선물 상자를 내놓았다. 일본에서는 전통적으로 귀중한 도자기는 오동나무 상자에다 보관하며 상자에는 도자기의 이름이나 소유자의 내력을 기록해놓곤 한다. 일종의 도자기 족보인 셈이다. 피카소는 선물을 꺼내서 볼 생각은 하지 않고 상자만 매만지며 감상했다. 오동나무 상자가 선물인 줄 알고 있었던 것이다. 로산진은 참지 못하고 화난 목소리로 말했다.

"상자가 아니에요. 내 작품은 상자 안에 있다고요."

남프랑스에서 로산진은 샤갈도 만날 수 있었다.

예술은 인격이며 마음가짐이다.

악한 인간에게서 뛰어난 예술이 나올 수 없다.

인격이 갖추어지지 않으면

경험과 기교가 있다고 해도

기능공의 영역에서 벗어나지 못한다.

그것은 일종의 기계일 뿐이며

예술과는 상관이 없다.

—로산진

7

만년과 죽음

외톨이로 돌아가다

세이코요는 처음에는 연구를 목적으로 한 가마였기에 세금이 없었다. 또 로산진이 잘나가던 시기에는 세무서장이 가마에 세금을 매길 생각도 하지 않았다. 그런데 1957년 어느 날 갑자기 체납된 세금 수억 원을 납부하라는 통지서가 날아왔다. 사망하기 2년 전쯤의 일이었다. 가뜩이나 경제 사정이 어려운 데다가 고령인 그는 이런 복잡한 일 속에서 건강이 서서히 무너져 갔다.

만년의 주거 공간이었던 게이운카쿠 건물은 다다미 20장 정도의 큰 홀을 중심으로 마루방, 서재 겸 작업장, 부엌 등을 갖추고 있었는데, 로산진이 침실로 사용한 곳은 언뜻 보기에 헛방처럼 보이는 다다미 2장 반 정도의 좁은 방이었다. 목조 침대와 책장이 있었고, 거기에다가 전립선 비대증 때문에 소변기까지 설치해놓아서 공간이 협소했다. 그 침실에 대해 잡지

기자 아이 게이코阿井景子는 이렇게 기록했다.

> 3면은 벽, 한쪽은 높은 창, 사람이 겨우 드나들 만한 입구밖에 없었다. 창문은 열리는 법이 없이 늘 잠겨 있었다. (중략) 돌보아줄 사람도 없는 생활이었다. 한번은 긴자의 최고급 의류점에서 산 고가의 신사복이 벌레 먹어서 구멍이 난 것을 목격한 적도 있다.

로산진은 이때 마지막을 예감했는지도 모른다. 작고 좁은 공간에 자신을 밀어넣고 조그만 창을 통해 세상을 내다보면서 자신의 삶을 돌아보았는지도 모른다. 넓은 저택의 조그만 방에서 간간이 뱉는 기침소리가 깊은 밤까지 들려 정적을 깨뜨리곤 했다.

고독한 삶이 계속되고 나이가 듦에 따라 그를 방문하는 사람은 점점 줄어들었다. 이야기 상대는 가마 안에 있는 농가를 신혼 살림집으로 쓰고 있던 히라노 마사아키平野雅章였다. 그는 구미 여행 때 통역을 담당했던 사람인데, 로산진의 배려로 농가에 살고 있었다. 로산진은 종종 그를 불러 자기 집 목욕탕에서 함께 목욕을 한 후 식사와 맥주를 함께 즐기곤 했다. 마사아키와 이야기하는 것만이 그가 세상과 소통하는 길이었다. 그러다 취하면 거구의 몸은 마사아키의 부축을 받아 어렵사리 그 작은 방으로 들어갔다.

로산진은 집안에 대한 장악력도 점점 떨어졌는데, 집안일을 도와주던 아줌마들은 도자기를 훔쳐 밖으로 빼내거나 자기들의 사물함에다 로산진의 그릇들을 숨겨놓았다. 마사아키가 그 사실을 일러주었지만 로산진은 알고 있다며 씁쓸하게 웃을 뿐이었다. 처음에는 그런 사람들을 해고하기도 했지만 뒤에는 그마저도 그만두었다.

목욕을 하고 나왔을 때 맥주를 몇 십 초 늦게 가져왔다고 아줌마를 해고했던 지난날의 독선적인 로산진이 더 이상 아니었다. 아이러니하게도 그는 자신감과 오만의 정점에 서게 했던 세이코요에서 이제 절망을 느끼기 시작했다.

만년의 걸작으로
살아 움직이는 듯한 게의
모습이 정겹기 그지없다.

로산진은 불신에 휩싸여 사람들과 담을 쌓기 시작했다. 만년의 로산진은 작품의 모든 공정을 거의 혼자서 하다시피 했는데, 그것은 모방품에 대한 대응이기도 했지만 세상으로부터의 도피이기도 했다. 고독한 도예가에게는 작품에 몰두하는 것만이 유일한 즐거움이었다. 밑에서 일하던 사람들이 모방품을 유통시켜도 그는 이미 이 빠진 호랑이일 뿐이었다. 그를 속이고 그의 작품을 모방하는 사람들에게 혐오감을 느끼면서도 어찌할 수가 없었다.

그래서 그는 제작 방법을 크게 바꾸었다. 물레를 이용한 작업은 아예 피하고 둥근 점토와 나무판을 게이운카쿠의 작업실로 가져오게 해서 혼자 작업을 했다. 나무판으로 흙을 두드려 펴거나 조개껍질로 표면을 긁어내기도 했으며, 손이나 돌로 두드려 자연스러운 맛을 살리기도 했다. 새삼스레 외톨이로 돌아간 도예가의 말년이었다.

작업 중인 만년의 로산진

로산진의 눈물

늘그막의 로산진은 눈물이 많았다. 그는 죽기 2개월 전에 자신이 다닌 유일한 학교인 우메야 심상소학교에 오리베 항아리를 기증했다. 그때 교장의 요청으로 6학년에게 한 시간 강의를 했는데, 그 후 학교에서 보내준 아이들의 감상문을 읽으면서 눈물을 흘렸다고 한다.

눈물을 흘린 이유는 어린 시절에 대한 기억 때문이었다. 그의 기억에는 세상에 내던져진 자신의 모습이 항상 새겨져 있었다. 열 살 무렵 교토 니조 성二條城 동쪽 문에 달린 유두 모양의 쇠 장식을 보고 어머니의 젖을 생각하며 빨아본 적이 있다고 그는 말한 바 있다. 만년의 로산진은 저녁식사를 하고 나면 당시에는 귀했던 텔레비전을 켜고 드라마를 자주 보았는데, 특히 어린아이가 나오는 장면을 보면 늘 눈물을 흘렸다고 한다. 주위에 함께 보는 사람이 있으면 자신의 우는 모습을 감추기 위해

연신 기침을 하곤 했다.

1954년부터 1987까지 NHK 라디오에서 방송된 「푸른 노트」라는 홈드라마가 있다. 5인 가족을 책임지고 있는 샐러리맨의 애환을 그린 드라마였다. 어느 날 게이코 기자가 로산진을 찾아갔다. 아침 9시 45분에서 10시 사이였는데 바로 「푸른 노트」가 방송되는 시간이었다. 게이코 기자는 드라마에 심취한 로산진의 모습을 이렇게 회상한다.

> 출입문으로 들어서서 곧바로 선생이 계신 방으로 갔다. 나는 아침 인사를 하려다 말고 그만 자리에 조용히 앉아버렸다. 선생의 뺨에 굵은 눈물이 흐르고 있었기 때문이다. 바로 「푸른 노트」가 방송되는 시간이었다. 라디오에서는 어린 소녀의 맑은 목소리가 흘러나오고 있었고, 아버지로 생각되는 사람이 소녀에게 대답하고 있었다. 경쾌한 음악을 배경으로 소녀가 들판에서 나비를 쫓고 있는 장면 같았다. 홈드라마답게 흐뭇한 장면이었다. 그런데 선생은 눈물을 멈추지 못하고 오열하고 있었다. 소녀가 뭐라고 말할 때는 어깨마저 들썩였다.

게이코 기자가 놀랐던 것은 로산진이 드라마의 행복한 장면에서 슬퍼했기 때문이다. 로산진은 그 장면에서 분명 자신의 비참했던 어린 시절을 떠올렸을 것이다.

로산진의 마지막 나날에 거의 매일 문병을 했던 스시 요리점 '규베에九兵衛'의 이마다 히사지今田壽治의 이야기도 마찬가지

좌_소학교 3학년이던 친구의 딸이 그린 로산진. 로산진의 마음을 사로잡아 잡지 『세이코』에 실었다.
우_만년에 채소밭을 둘러보는 로산진

이다. 히사지는 로산진의 여행에 자주 동행하곤 했는데, 자존심 강한 로산진도 히사지에게는 자신의 치부를 털어놓았으며 성장 시절을 이야기할 때는 어김없이 눈물을 흘렸다고 한다.

인간국보를 거절한 사람

1954년 일본 문부성 문화재보호위원회는 문화재보호법을 개정하여 중요무형문화재 기술보유자(인간국보라고도 함) 지정제도를 마련했다. 전통 예능과 공예가 무형문화재의 주된 장르였으며, 1955년 제1회 인간국보 지정자는 도자기 부문에서 나왔다. 아라카와 도요조, 하마다 쇼지, 도미모토 겐키치富本憲吉, 이시구로 무네마로石黑宗麿가 그들이었다.

그해 가을 오리베 도자기 부문 인간국보로 로산진이 추천을 받았다. 조사관이었던 고야마 후지오小山富士夫는 도자기 연구가이자 도예가로 거의 30년간 로산진과 교유하던 사이였다. 파리에서 열린 '현대 일본 도예전'에서 좋은 평가를 받은 로산진을 후지오가 제1회 인간국보 지정 때 추천하지 않았을 리 없다. 그런데도 로산진이 인간국보에서 배제된 것은 그의 독단적 이미지 때문이었다. 과거에 그는 형식과 권위에 얼마나 거침없는 독설을 날려댔던가. 독설은 로산진이 날개를 잃자 비수가 되어 그에게로 되돌아왔다. 로산진으로서도 하마다 쇼지나 도미모토 겐키치 같은 민예파와 같은 반열에 자신이 놓인 걸 유쾌하게 받아들이지는 않았을 것이다.

또한 초기에 로산진은 물레 작업을 제대로 하지 못해 독창성 시비에 휘말린 적이 있었다. 그 후에는 물레 작업을 직접 하지 않더라도 기물 하나마다 지시를 내리며 챙겼다. 그래도 초기의 물레 작업은 평생 주홍 글씨처럼 따라다녔고, 그를 인정하고 싶지 않던 사람들에겐 좋은 구실이 되었다. "아마 그가 모두 하지는 않았을 거야" "독학이니까 초보자인 거야" "사실은 직인들 작품이지" 하는 말들이 끊임없이 나돌았다. 로산진의 예술은 실용적이고 창의적이었지만, 그들의 시각에서 보는 기준은 정통 기술이냐 아니냐 하는 것이었다. 만년의 고독 속에서 로산진은 다음과 같은 말을 남겼다.

내 삶의 방식은 나밖에 모른다. 그것을 모르는 자들에게는 동정도 받고 싶지 않다. 내가 살아 있는 동안 나의 삶을 인정해 주는 사람이 얼마 없다는 것을 나는 잘 안다. 내가 기대하고 있는 것은 백 년 후의 친구들이다. 모두가 알아주기를 바라는 단 한 가지는, 로산진은 이 세상을 조금이라도 아름답게 만들려고 했던 사람이라는 것이다. 그것이 이루어진다면 나는 만족한다.

도예가로서 명성이 높은 오가타 겐잔이나 이타야 하잔板谷波山

로산진이 즐겨 만들었던 그릇. 오가타 겐잔이 그렸던 것과 비슷한 이런 문양의 도자기를 '겐잔풍'이라고 한다.

은 놔두고 왜 로산진만 비판하느냐며 로산진을 옹호하는 사람들도 많이 있었다. 그 두 사람은 모두 물레 작업을 직접 하지 않는 도예가들이었다. 로산진은 성형한 기물에 그림만 그리던 겐잔을 도화가陶畵家라 불렀다. 결국 로산진의 언행이 권위적인 사람들과는 맞지 않았던 것이 분명하다.

고야마 후지오는 그 후 로산진에게 인간국보 지정을 수락해 달라고 요청했다. 당연한 일이었기 때문이다. 로산진도 인간국보로 지정되면 가문의 영광이며 지정되는 순간 작품 가격이 몇 배나 오른다는 사실을 모를 리 없었다. 그것은 가마 직인들의 바람이기도 했고, 주위에서도 수락을 종용했다. 사실 해외여행 때 빌린 돈 때문에 그는 직인들의 월급도 제때 주지 못할 정도로 극심한 경제적 어려움을 겪고 있었다.

하지만 그는 끝내 인간국보를 거절하고 만다. 그의 지론으로 말하면 진정한 예술가는 훈장이나 계급, 등급과는 아무 관계가 없다는 것이다. 로산진은 자신이 필요 없다면 그것이 무엇이든 가질 생각이 없다고 당당하게 말했다.

지금 문부대신상이니 예술원상이니 하여 상을 주는데, 중요한 것은 누가 주는가이다. 상을 받기 전에 주는 사람이 누구인가, 예술을 아는 사람인가를 알아야 한다. 예술을 알지도 못하면서 상을 주는 것은 무법이며 오만불손한 일이다.

인간국보 문제는 그렇게 결말이 났다. 그러고 나서 얼마 후 로산진은 자신을 위해 노력해준 후지오에게 감사하는 마음을 담아 정중하게 도자기를 선물했다. 여기서 로산진의 따뜻한 마음이 읽힌다. 후지오는 담당자로서 로산진의 진심을 가장 잘 알았던 사람 중 한 명이었을 것이고, 로산진에게서 고결함과 고독을 느꼈을 것이다.

1959년 12월 21일, 독존獨尊 가다

1959년 10월 교토 미술구락부에서 '로산진 서도예술 개인전魯山人書道藝術個展'을 하고 집으로 돌아왔을 때였다. 11월 2일 밤이 되자 로산진은 소변을 눌 수가 없었다. 그는 가까이에 살던 마사아키를 불렀고 그의 도움으로 택시를 타고 가마쿠라의 병원으로 갔다. 응급처치로 배뇨는 되었지만 곧 같은 증상이 재발했다.

요코하마의 주젠十全 병원(현 요코하마 시립대학 부속병원)에 입원한 날은 이틀 후였다. 검사 결과는 요로폐색증이었다. 전립선이 심하게 부어 요도를 압박하면서 요로폐색증이 나타난 것이었다. 그는 수술을 받은 후 가마로 돌아왔지만 곧 피를 토하고 말았다. 이것은 요로폐색과는 전혀 다른 증상이었다. 위궤양인가 하여 정밀검사를 받은 결과 이미 말기까지 진행된 간경화라는 진단이 나왔다. 민물에서 나는 우렁이와 송어회 등을 좋아해서 그의 간은 여러 종류의 디스토마에 감염되어 있었다. 설사나 요실금 증상은 간경화 특유의 증상인데도 담당 의사는 처음에 맥주를 지나치게 많이 마셔서 그렇다는 진단을 내렸다고 한다.

로산진은 상태의 심각함을 아는지 모르는지 해오던 대로 미식을 추구했다. 병원에서 나오는 식사를 보고 '이런 것은 돼지도 못 먹는 음식'이라며 식판을 엎어버리기도 했고, 무단으로 외출하여 좋아하는 음식을 먹고 오기도 했다.

입원 소식을 듣고 달려온 지인들 중에는 요리사들이 많았다. 도쿄 최고의 스시 요리점 규베에의 히사지를 비롯해 요리점 쓰지토메辻留의 요시카즈, 후쿠다야의 주인 등은 자라죽 등 귀한 음식을 들고 문병을 왔다. 로산진은 그들을 마음껏 이용했다. 그는 문병객들을 꾀어 함께 병원을 나가서는 마음에 드는 중국요리점이나 호텔에서 식사를 하기도 했다. 또 누가 병문안을 오면 간호사를 불러 다짜고짜 맥주를 사오라고 했다. 손님이 왔으니 맥주를 대접해야 한다는 것이었다. 병원 규정상 당연히 불가능한 일이었다. 맥주를 사다 주지 않자 그는 오줌 배출 장치를 빼버리고 지팡이를 짚고 간호사실에 찾아가 맥주를 사오라고 소리쳤다. 그것을 직접 경험한 바 있는 요시카즈는 그쯤 되면 할 수 없이 자기가 사와야 했다고 회고했다.

수술을 앞둔 어느 날, 로산진은 자신의 죽음을 예감했는지 변호사를 불러 유서를 작성했다. 수술 도중 로산진은 혼수상태에 빠져 결국 배를 닫고 말았다. 1959년 12월 21일 오전 6시 15분, 로산진은 간호사가 병실에 들어섰을 때 숨이 멎은 채 평안한 얼굴로 누워 있었다. 그때 그의 나이는 76세였다.

로산진의 자화상

로산진의 아버지는 마흔 살에 세상을 떠났고, 로산진보다 네 살 많은 형은 서른네 살에 생을 마감했다. 로산진은 2남 1녀를 두었는데, 둘째 아들은 열다섯의 나이로 병사했다. 로산진이 마흔세 살 되던 해의 일이다. 장남은 로산진의 가마에서 도예가의 길을 걷게 되지만 마흔한 살의 나이로 세상을 떠나고 만다. 그때 로산진의 나이는 예순여섯이었다. 로산진을 제외하고 집안의 모든 남자들은 이렇게 단명했다.

로산진은 미식구락부를 열 때 서른여덟이었고, 그때부터 자신의 존재를 만천하에 알려나갔다. 요정 호시가오카사료를 통해 화려한 삶을 살았던 시기에는 어떤 위기도 찾아오지 않았다. 오히려 누릴 수 있는 모든 영화를 누렸다. 그의 운명은 우연에 불과했던 것일까? 아니면 운명이 그의 의지에 의해 이끌려 온 것일까?

죽음 이후

1959년 12월 24일 로산진의 장례식은 아버지가 신사의 샤케였다는 이유로 전통 신사 의식으로 거행되었다. 장례위원장은 후쿠다야의 주인이 맡았다. 가와바타 야스나리의 부인이 장례에 여러 도움을 주었다. 1968년 노벨문학상 수상자인 야스나리는 1955년에 조직된 '로산진회'의 발기인 중의 한 명이었으며 로산진과 교유가 깊었다.

신문에 부음 광고를 냈지만 조문객 수는 예상과 달리 많지 않았다. 사망 이틀 후, 즉 장례를 하루 앞둔 날은 조문객들이 상가에서 밤샘을 하는 날이다. 이날 요리와 술이 나왔는데, 나고야에 있는 요정 핫쇼칸의 지배인 마쓰다 반키치는 그때를 이렇게 회상한다.

마지막이 정말 인상적이었다. 이날은 마치 로산진과 함께 식사를 한다는 착각에 빠졌다. 방어와 무, 토란 등의 요리가 로산진의 그릇에 담겨 나왔는데 로산진이 살아 있을 때 나온 요리와 다를 게 하나도 없었다. 부엌에서 일하는 사람들에게 얼마나 철저한 교육을 시켰는지를 짐작할 수 있었다.

다음 날 요코하마 구보야마久保山 화장장에서 다비를 한 로산진의 유골은 백모의 외손자에게 인계되었다.* 유골을 교토 사이호지西方寺 경내의 묘지에 안치할 때까지 그가 모셨다. 로산진의 유골을 묘에 언제 봉안했는지를 기억하는 사람은 아무도 없다. 일반적으로 신사에서의 장례는 다비를 하자마자 납골하기도 하지만 보통은 50일 안에 자유롭게 이루어진다. 그런데 로산진의 유골을 봉안한 게 장례 직후였는지, 아니면 친척들이 모인 백일제 이후였는지, 그것도 아니면 수년 후였는지는 정확히 알 수 없다. 유골을 봉안했던 딸 가즈코도 그 시기를 확실히 기억하지 못했다.

로산진의 마지막은 왜 그렇게 기구했을까. 지금이야 영웅 대접을 받지만 사망할 당시에는 평판이 좋지 않았다. 보통 사람들에게 로산진은 오만하고 거만한 인간일 뿐이었다. 로산진의 전성기가 지나자 독불장군을 두둔하는 사람은 거의 없었다. 그의 명성과 위엄에 눌려 있던 반웅들이 고개를 들기 시작했다. 그 대표적인 예가 소설가 시라사키 히데오白岐秀雄의 작

---

* 딸 가즈코(2008년 작고)가 있었지만 가깝게 지내지도 않았고, 그녀의 나이가 많지 않았던 이유도 있었을 것이다.

교토 사이호지 경내에
있는 로산진의 묘지

품에 묘사된 로산진의 모습일 것이다. 1971년 히데오는 『기타오지 로산진』이란 소설을 썼는데, 그 속에 나오는 로산진의 모습을 보면 이러하다.

로산진은 일곱 번이나 마누라를 갈아치웠고, 자기 아들을 낳게 한 여자가 30여 명 정도는 된다. (중략) 그는 하이에나와 갈가마귀와 바다뱀 사이에 태어난, 악취 풍기는 괴수다. 그를 보고 있으면 알레르기가 일어난다.

더 이상 모욕적일 수 없을 정도로 심한 표현이다. 물론 소설의 형식을 취하고 있기 때문에 사실이냐 아니냐란 논쟁으로부터 자유로울 수는 있지만, 이렇게 표현한 데에는 분명 의도적인 면이 있다. 비록 의도적으로 과장, 조작했을지라도 상당 부분 로산진이 빌미를 제공한 것만은 사실이다. 친척이 별로 없었지만 그들로부터도 냉대를 받을 수밖에 없었다. 그들에게 베푼 것이 없었기 때문이다.

유골을 모셨던 백모의 외손자가 대가로 받은 것이라고는 로산진이 사용하던 주전자 하나, 그리고 접시 몇 점뿐이었는데, 그렇다면 로산진은 유산을 거의 남기지 않았던 것일까?

로산진이 마지막 수술을 앞두고 유서를 작성한 것은 확실한 사실이다. 그런데 그 유서가 사라져버렸고, 그것을 작성했던 사람과 입회했던 사람의 행방이 묘연했다. 작성자와 입회자가 전한 유서의 요지는 "유산을 미술관과 박물관에 기증하고 유족에게는 주지 않는다"는 것이었다.

변호인단은 로산진을 아는 사람들을 모아놓고 대책을 논의했다. 그러나 모인 사람들은 유서의 요지가 사실인지 아닌지 알 수 없었고, 또한 알려진 유언과는 다르게 유족에게 유산을 물려주기로 결정하면서 일이 복잡하게 꼬이기 시작했다. 채무관계, 미국과 유럽 등지를 여행할 때 진 막대한 빚 때문이었다.

유산 상속 문제가 불거지자 이번에는 유산의 행방이 묘연해졌다. 잡동사니밖에 없었다면 미술관과 박물관에 기증하라고 유언했을 리가 없기 때문이다. 그런데 유산 정리를 맡았던 후쿠다가 고도자기 참고관을 처분하려 했을 때는 이미 잡다한 물건들밖에 남아 있지 않았다. 누군가 계획적으로 작품들을 반출했던 것이다.

로산진이 가지고 있던 방대한 자료의 행방도 알 수 없었고,

만들다 만 천여 점의 반제품도 모두 유출되고 말았다. 그것들은 후에 로산진 유작전에서 거래되기도 했다. 그릇을 성형할 때 사용하던 틀도 유출되었는데, 2~3년 뒤 어느 백화점에서 열린 로산진 작품전에는 거의 반 이상이 모작의 느낌이 들 정도였다고 한다. 가마에서 일하던 직인들과 미술상의 빼돌리기, 로산진의 높아진 가치가 더해져 이후에도 계속 가짜 문제가 발생했다.

비록 로산진의 유산은 사라지고 없어졌지만, 이는 죽음과 더불어 로산진의 부활을 예고하는 것이었다. 로산진을 가장 가

날두부 요리
그릇: 오리베 접시織部菊皿 로산진
요리: 쓰지 요시카즈 辻義一
사진: 시모무라 마코토 下村誠

까이에서 보아온 사람 중 한 명인 구로다 료지는 죽으면서 다음과 같이 예언처럼 말했다.

"내가 죽고 나서 30년, 다시 말해 로산진이 죽고 50년이 지나면 오만불손한 인간 로산진은 사라지고 위대한 작품만 남을 것이다."

로산진이 사망한 지 50주기가 되던 2009년 이후로도 그의 활동은 여전히 왕성하게 펼쳐지고 있다.

가정 요리에는 인생의 진실과 진심이 있고,

요리점의 요리에는 형식과 꾸밈이 있다.

그래도 우리가 요리점의 요리에 감동하는 것은

명배우인 요리사의 열연이 있기 때문이다.

—로산진

8

로산진의 요리왕국

요리철학,
요리하는 마음

맑은 물이 흐르는 가을 계곡은 화려하다. 옷을 갈아입은 나뭇잎들이 하나둘 푸른 물에 비치기 시작하면 그야말로 온 산이 채색화다. 가을 산 속으로 들어서면 얼굴도 옷도 붉고 노랗게 물들며 마음까지 주홍빛으로 젖어든다. 잘 차려입은 인간과 자연이 이토록 어울리는 때도 없을 듯싶다. 눈을 둘 곳은 많지만 어디에 고정시킬 수가 없다.

하지만 가을 산이라 해서 꼭 그런 것만은 아니다. 억새가 끝이 보이지 않을 정도로 펼쳐지고 가끔 키 작은 소나무 몇 그루가 서 있는 곳, 이런 곳의 고졸한 맛은 나그네의 발길을 잠시 멈추게 한다. 서걱이는 억새와 키 작은 소나무, 배색의 단순한 어울림이 펼쳐 보이는 세계는 깊이가 있다. 그곳에 서 있으면 마음은 아래를 향하고 호흡은 가라앉기 시작한다. 눈을 둘 곳이 어지럽지 않으며, 잡아채는 것도 강렬하지 않다.

일본의 가이세키 요리*는 소박한 후자를 닮았다. 그것은 화려하기보다는 깔끔하다. 크고 복잡하기보다는 작고 간결하며 아담하다. 요리와 상차림이 단정하다. 모리쓰케盛り付け**는 시선을 이곳저곳으로 분산시키지 않는다. 화려하거나 풍성한 것만이 인간을 흥겹게 하는 것은 아니다.

가이세키 요리는 현대 일본 요리의 원형이다. 형식도 형식이지만 정신이나 내용 면에서 더욱 그러하다. 일본에는 1983년에 연재를 시작해 지금까지도 계속되는 『오이신보美味しんぼ』(국내에는 『맛의 달인』으로 번역)라는 만화가 있다. 제목의 의미는 '미식가' 혹은 '식도락가' 정도이다. 오래전에 텔레비전 드라마로 제작된 적도 있다. 만화는 아버지와 아들이 요리의 최고수 자리를 두고 대결하는 내용인데, 아버지로 등장하는 가이바라 유잔의 모델이 바로 기타오지 로산진이다. 현대 일본 요리의 영웅인 로산진의 요리세계는 이 가이세키 요리에 그 뿌리를 두고 있다.

어느 날 로산진을 찾아온 사람이 말했다.

"요리할 때의 마음가짐에 대해 말씀해주십시오."

그러자 로산진이 질문을 하나 던졌다.

"어느 부유한 사람이 별장에 살고 있었네. 이 별장으로 매일

●

*18세기 이후 다도 모임에 나오는 가이세키 요리는 조금씩 대중화되기 시작한다. 현대에 들어오면서부터는 가이세키會席 요리라 하여 다도 모임에서 나오는 가이세키懷石 요리와 구별하는 경향이 있다. 절대적인 것은 아니지만 가이세키 요리는 일반적으로 고급 요리란 인식을 주며 좀 더 격식이 갖추어진 것을 말한다.

**사전적 의미로는 요리를 그것과 어울리는 그릇에 보기 좋고 먹음직스럽게 꾸미는 일을 가리킨다. 우리의 요리에도 필수적인 요소인데 이에 걸맞은 말이 없다. 필자는 '차림멋'이라 하면 어떨까 제안해본다. 이것은 앞으로 우리가 해결해야 할 과제이다.

여러 사람이 음식물을 보내왔네. 도시락 말일세. 친한 친구가 가져온 도시락도 있고, 신세를 졌다고 생각하는 사람의 도시락, 신세를 지려고 하는 사람의 도시락 등 여러 가지가 있었네. 그중에서 가져온 사람의 이름을 듣지 않아도 곧바로 알 수 있는 도시락이 하나 있었네. 그것은 누구의 것이었을까?"

"……."

"바로 어머니가 보낸 도시락이었다네."

로산진이 가장 흠모했던 인물은 서도로 유명한 에도 시대의 승려 료칸이었다. 료칸 선사에게는 '보기 싫은 세 가지'가 있었는데, '서도가의 서예, 시인의 시, 음식점의 요리'였다. 료칸이 보기에 그것은 모두 예술가나 장인으로서의 프로 의식이 부족했다. 로산진은 이 말에 깊이 공감했고 자주 그 말을 인용하며 요리점의 요리를 아쉬워하고 안타까워했다.

로산진이 말한 요리의 진수는 어디까지나 가정 요리였다. 요정을 운영할 때의 요리 콘셉트도 가정적인 연출이었다. 요정에서 춤과 노래를 금지한 것이나 게이샤를 두지 않은 것은 그 예라 할 수 있다. 비록 짧은 시간이나마 정성이 가득한 요리를 들면서 마음에 맞는 사람과 흐뭇한 시간을 보낼 수 있도록 하는 것이 로산진의 요정 운영 철학이었다.

로산진의 요리철학은 이렇게 어머니의 마음으로 만드는 것이었다. 친절하고 진실한 마음이 담긴 요리, 사랑하는 가족을 위한 요리가 그런 것이다. 신혼 때에는 사랑하는 아내가 밥을 하는 모습만 보아도 흐뭇하다. 형편없는 된장국을 끓인다 하더라도 행복하다. 그렇다고 진심만 있으면 매워도 싱거워도 상관없다는 말은 물론 아니다.

세월이 흐르면 감정도 변한다. 진실한 마음이 엷어지기도 하며, 느낌도 무디어진다. 그러면 맛있는 음식점을 찾게 된다. 음식점은 맛을 내는 기술이 있어서 사람을 끌기 마련이다. 가정에서 필요한 것은 결국 진실한 마음이다. 어떻게 하면 상대방을 행복하게 할 수 있을까를 생각하는 마음이다. 음식점 흉내를 낼 게 아니라 꽃 한 송이를 준비하는 것 같은 진실한 마음을 보여야 한다.

마음이라는 것은 요리에서든 글씨에서든 똑같다. 로산진은 칼을 가지고 생선을 잘랐을 때 잘린 선 하나로 요리가 살아나기도 하고 죽기도 한다고 했다. 친절하고 깊은 마음을 가진 사람은 부드러운 선을, 속된 마음을 가진 사람은 천박한 선을 남길 수밖에 없다. 이는 회칼을 다루는 솜씨와는 전혀 다른 '마음'의 문제이다. 로산진은 말한다.

> 요리에서 중요한 것은 많지만 무엇보다 우선되어야 할 것은 인간에 대한 진실한 마음이다. 다른 것은 빠져도 상관없지만 진심이 빠진다면 그것은 요리가 아니다.

상대를 진심으로 대하는 마음, 로산진의 기본 정신은 이렇게 지극히 평범하고 당연한 것이다. 로산진에게 우리가 매료되는 이유는 바로 그가 그렇게 행동했기 때문이다.

요리의 9할은 재료

로산진이 교토 교외의 깊은 산골짜기를 흐르는 와치 강和知川 상류에서부터 은어를 수송한 이야기는 너무도 유명하다. 은어는 사는 환경에 따라 맛과 향이 천차만별이다. 수질과 물의 흐름, 먹이가 되는 식물성 플랑크톤의 질이 은어의 맛과 향을 결정한다. 로산진은 여러 곳의 은어를 맛보았지만, 교토 북부 단바丹波에서 북쪽으로 십여 킬로미터 떨어진 와치 강 상류의 은어를 제일 좋아했다. 그곳은 도쿄까지의 거리도 거리지만 당시에는 엄청난 오지여서 교통은 상상할 수 없을 정도로 불편했다. 그는 초여름이 되면 그곳에서부터 매일 1천 마리 정도의 은어를 운송해왔는데 그 방법이 그저 놀랍기만 하다.

와치 강에서 잡은 은어를 트럭의 활어조에 싣고 출발하는 시간은 밤 12시경이었다. 운송 과정에서 중요한 것은 동승한 사람이 쉬지 않고 물을 바가지로 퍼서 마치 폭포처럼 물결을 일으켜 신선한 산소를 은어에게 제공해주는 일이다. 도로 사정이 좋지 않아 운송에 시간이 걸리더라도 이 일을 잠시도 게을리해선 안 된다. 이렇게 해서 교토에 도착한 은어는 반나절쯤 휴식한 후 저녁 7시 50분에 급행 우편열차로 갈아탄다. 교토에서 도쿄까지 가는 동안에도 동승자는 같은 방법으로 신선한 산소를 은어에게 제공해야 한다. 조금이라도 소홀히 한다면 은어는 도쿄에 살아서 도착할 수 없게 된다. 도쿄로 가는 도중에 나고야와 누마즈沼津에서 신선한 물을 보충해준다. 수온 조절은 얼음을 이용해서 한다. 이렇게 하여 잡은 지 이틀째에 도쿄에서도 싱싱한 은어를 먹을 수 있게 된다.

로산진이 운영했던 요정 호시가오카사료에서 이렇게 식재료를 구했던 일은 하나의 전설이었다. 위대한 요리란 바로 이런 것을 두고 일컫는 것이 아닐까? 훌륭한 요리란 재료에서 결정된다고 믿은 로산진은 할 수 있는 모든 방법을 동원해 최고의 재료를 얻었다.

맛있는 쇠고기 전골은 쇠고기, 뛰어난 메밀국수는 메밀가루, 훌륭한 스파게티는 밀가루의 질에 달려 있다. 다시 말해 재료가 어떤 것이냐가 중요한 것이다. 과일이나 채소는 더 말할 필요도 없다. 새우도 마찬가지이다. 같은 종류의 새우라도 산지에 따라 맛이 천차만별이다. 다른 새우를 아무리 뛰어난 솜씨로 요리해도 주산지의 새우 맛을 따를 수는 없다. '봄 가자미, 가을 전어'라 하는 것은 제철을 말하는 것이고, 어디 산이냐에 따라 맛은 천차만별인 것이다.

식재료에 대한 로산진의 이야기를 들어보자.

시간이 나면
직접 은어를 잡아
그 자리에서
즐겼던 로산진

"사람은 적어도 자기가 살고 있는 곳 주변에 어떤 생선과 채소가 나는지를 잘 알아야 한다. 그리고 예컨대 그 생선의 어느 부위가 맛있는지 정도는 알고 있어야 한다. 어떤 생선은 지느러미 부분이 맛있지만 또 어떤 것은 뱃살이 맛있다는 식으로 말이다. 또 얼핏 보고도 저 생선은 얼마나 신선한가를 알 수 있어야 하는데, 그것을 눈만이 아니라 마음으로 느껴야 한다. 많은 경험과 관심만이 그런 능력을 길러준다. 요리하는 사람에게 가장 중요한 것은 재료를 선택하는 마음의 눈이다. 골동품을 볼 때 감식안이 매우 중요한 것과 같다.

요리가 형편없는 이유는 대개 재료 선택에 문제가 있기 때문이다. 선택의 이치를 잘못 알고 있거나, 좋고 나쁨을 판별할 수 없을 만큼 미숙하기 때문이다. 이런 사람들에게 요리를 가르치는 일은 바보들을 모아놓고 교육하는 것과 같다. 아무리 좋은 재료를 말해주어도 그것을 볼 눈이 없으니 바보 같은 요리가 되는 것이다. 또 좋은 재료를 얻더라도 그것을 살려 쓰지 못하면 본질을 죽여버리게 된다. 현명한 아이를 얻었으나 그 아이를 이끌 도를 알지 못함과 같다.

좋은 식재료는 곧 비싸거나 큰 것이라 생각하기 쉽지만 꼭 그렇지만은 않다. 같은 가격의 두부라도 분명 뛰어난 두부를 파는 가게가 있다는 사실을 염두에 두어야 한다. 흔히 초보자는 4킬로그램 정도의 돔을 보면 그 크기에 놀라 맛있을 것이라고 생각하지만, 이런 크기의 돔은 겉보기만 근사할 뿐 맛있는 요리가 될 수 없다. 4, 5월경 아카시의 돔은 일본에서 최고의 맛을 자랑한다. 약 1.5킬로그램이 조금 넘는 정도의 것이 최상품이다. 그 이상은 감칠맛이 없고 오히려 덤덤하다. 돔을 고를 때는 작은 것에 관심을 가져야 한다. 등 쪽을 눌렀을 때 부드러운 것은 회로 적당하지 않으며 고무공처럼 단단하고 탄력 있는 것이 좋다.

또한 살아 있는 것보다 좋은 돔은 없다고 생각하지만 반드시 그런 것만은 아니다. '노지메野じめ'라고 하는, 바다에서 단숨에 죽여 잘 보존해 들여오는 돔이 있다. 비록 숨은 끊어졌지만 살아 있는 돔보다 훨씬 맛있는 경우가 많다. 살아 있는 돔은 육지 위로 올려질 때까지 배에서 스트레스를 받고, 그 후에는 인공 해수와 좁은 공간에 갇혀 살게 된다. 때문에 가장 맛있는 뱃살의 지방이 달아나서 맛이 형편없이 떨어진다.

이렇게 연어 소금구이 한 조각, 가지나 무 하나라도 질이 좋고 나쁨을 알면 같은 값으로 보다 나은 미식美食을 할 수 있게 되는 것이다. 텔레비전 요리 프로그램을 보면 흔히 요리사들

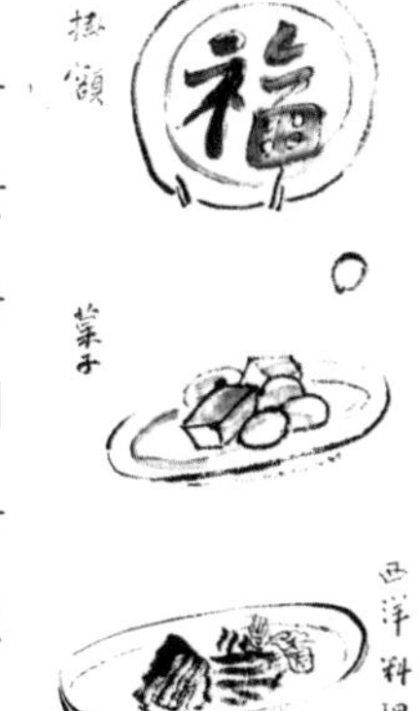

로산진의 요리 스케치

로산진의 소품

이 '흰 살이라면 무엇이든 괜찮다' '풋고추면 상관없다'는 식으로 대수롭지 않게 재료를 말하는데, 이것은 부끄러운 줄을 모르고 하는 소리이다. 분명 요리의 맛은 십중팔구 재료에 달려 있다."

로산진의 차림멋

로산진은 어떤 분야에서나 자연이 스승이라고 입버릇처럼 말했다. 자연스러움은 조화이기에 넘치거나 치우쳐서는 도달할 수 없다. 로산진의 요리에서 차림멋은 인간의 손길이 미치지 않은 게 아니라, 손길이 느껴지지 않도록 하는 풍경을 말한다. 아무런 손길이 미치지 않은 듯하지만 고도로 계산된 손길이 닿아 있는 것이 차림멋이다. 순간순간이 마치 완벽하게 짜인 프로그램처럼 펼쳐지는 것을 말한다. 그러나 "보기 좋게 차리는 것은 쉽지만 모리쓰케(차림멋)는 어렵다"는 말이 있듯, 차림멋을 제대로 이해하기는 어렵다.

차림멋을 두루뭉술하게 표현한다면 '자연스러운 상차림'이라 할 수 있다. 누가 즐기더라도 흠뻑 빠져드는 상차림 말이다. 거기에 맞는 그릇과 요리는 물론이고, 맑은 공기와 새 소리, 정갈하고 단아한 방, 은근한 미소, 손님을 친절히 맞이하며 정원에 물이 마르지 않도록 배려하는 마음까지도 포함한다. 결국 차림멋은 사람과 요리, 시간과 공간을 최상으로 어울리게 연출해내는 것이다.

로산진으로부터 요리의 정신을 배운 쓰지 요시카즈는 차림멋의 원칙을 다음과 같이 제시하고 있다.

1. 요리에 어울리는 그릇을 선택한다.
2. 뜨거운 음식은 따뜻한 그릇에, 차가운 음식은 차가운 그릇에 담는다.
3. 그릇을 따뜻하게 하다 보면 그릇이 말라버리는 경우가 있는데, 가능한 한 젖은 상태가 좋다.

돔회와 유채꽃 무침
그릇: 오리베 바퀴 모양 무코즈케 織部輪花小向付, 시노 바퀴 모양 무코즈케 紅志野輪花小向付, 로산진
요리: 쓰지 요시카즈 辻義一
사진: 시모무라 마코토 下村誠

4. 그릇에 가득 담으려 하지 말고 3할 정도의 여백을 둔다.
5. 늘 자연의 모습을 염두에 둔다.
6. 산초 싹이나 유자 등 제철에 맞는 재료를 이용하여 색채 효과를 낸다.
7. 평면보다는 입체적으로 차린다.
8. 그릇과의 배색, 음식들 간의 배색을 고려한다.
9. 음식이 담긴 형태가 똑같은 느낌을 주어서는 안 된다.
10. 어려운 말이지만, 단순히 보기 좋은 것보다는 미적이며 먹음직스럽게 차린다.

로산진은 좋은 요리를 하기 위한 세 가지 원칙을 제시했다. 먼저 그릇이나 색채 등을 고려한 차림멋에 대해 심미안이 있어야 한다. 두 번째는 요리를 즐기는 자리, 즉 건축물에 대한 심미안도 필수적으로 있어야 한다. 마지막으로 공간과 어울리는 자연에 대한 심미안을 갖추어야 한다. 그 가운데 하나만이라도 제대로 꿰뚫는 소질이 있다면, 분명히 그 외의 것도 곧 갖출 수 있게 된다.

차림멋은 요리의 구성요소 중 하나이지만, 넓은 의미로 보면 뛰어난 요리는 그 자체가 차림멋이기도 하다. 마치 건축에서 복잡한 건물들을 배치할 때는 공간, 즉 마당을 중심으로 건물들의 자리를 잡아주는 것처럼, 차림멋을 중심으로 요리와 그릇이 자리를 잡는 것이다.

맛있는 것을 먹는 것이 아니라 맛있게 먹는 것이다

여기서 '맛있는 것을 먹는 것'과 '맛있게 먹는 것'의 우열을 논하려는 건 아니다. 로산진의 요리철학에서는 재료가 절대적이며, 훌륭한 재료는 맛있는 게 당연하다. 이렇게 재료를 중시한 로산진의 요리철학은 다른 사람들이 상대적으로 소홀히 하고 있던 것을 일깨워주었다.

우선 신선함의 문제이다. 채소든 조개든 식재료는 채취하는 순간부터 맛이 떨어지기 시작한다. 죽순 같은 경우 운송을 시작할 때의 크기와 도착할 때의 크기가 다르다. 죽순은 영양분을 취하지 않고도 자라기 때문이다. 로산진은 하루가 지난 죽순은 겉으로만 살아 있을 뿐 죽은 맛에 가깝다고 했다.

여기에 무 하나가 있다고 치자. 만약 그 무가 방금 밭에서 뽑은 것이라면, 갈아서 먹든 삶아서 먹든 분명 맛있다. 그러나

무가 오래되었다면 아무리 유명한 요리사가 심혈을 기울인 다 해도 무의 온전한 맛을 살려낼 수는 없다. 하늘이 완성시킨 무의 맛은 오로지 신선한 무에서만 구할 수 있다.

금방 핀 꽃과 시든 꽃의 차이라고나 할까? 시든 꽃을 더 이상 예쁜 꽃이라 할 수 없는 것처럼 말이다. 로산진은 텃밭에 채소를 많이 길렀는데, 요리하기 직전이 아니면 거두지 않았다. '맛있는 것을 먹는 것'이 아니라 '맛있게 먹는 것'은 바로 그런 것이다. 1928년 나가코 왕비의 아버지인 구니노미야 구니요시 부부가 로산진을 방문했을 때 로산진은 집에서 기르는 미나리를 그들이 보는 앞에서 베어 요리했는데, 구니요시는 그런 모습과 음식 맛에 무척 감격했다고 한다.

다음은 요리사들의 문제이다. 요리사로 활동하는 많은 사람들은 자꾸 식재료에 손을 대 새로운 맛을 표현하려 한다. 로산진이 볼 때 그런 요리사들의 요리는 본래의 미식과는 거리가 먼 연금술 같은 것이었다.

그런데 세상의 많은 사람들은 의외로 그런 요리를 좋아한다. 로산진의 시대에도 그런 경향이 있었다. 「세상의 요리왕은 죽었다」라는 글에서 그가 '일반 사람들이 알기 어려운 천연과 자연의 맛, 그리고 대중이 알기 쉬운 인공의 맛'을 거론한 것도 그 때문이다. 로산진은 인공의 맛이 가미된 그런 요리를 깨달음이 없는 요리, 우둔한 요리, 속임수 요리, 조잡한 요리라 비난했으며, 결코 미식으로 인정하지 않았다.

내가 예전부터 지나친 맛에 대해 너무 많이 언급하여 사람들은 의아하게 생각하겠지만, 생선이나 채소 가릴 것 없이 대부분 그랬고 모리쓰케(차림멋)도 마찬가지였다. 모두 필요 이상이라고 생각한다. 지나침은 미치지 못함과 같다는 것은 경험이 가르쳐줄 것이니 꾸준한 경험을 통해 그것을 깨달을 일이다. (중략) 이마리 도자기*를 보라. 누가 이마리 도자기를 최고라 하는가.

그릇의 존재 의미는 요리를 담는 데 있다. 이마리 도자기는 답답하다. 요리가 숨을 쉴 수 없을 정도로 문양으로 꽉 차 있다. 로산진은 이런 도자기를 식기로 거의 사용하지 않았다.

자연이 빚어낸 맛은 그 자체로 완전무결하다는 게 로산진의 확고한 주장이었다. 요리라는 '인간의 기술'은 하늘이 빚어놓은 소재를 넘어설 수 없는 것이다. 로산진에게 요리 수업을 받았던 요시카즈는 이런 에피소드를 전하고 있다.

나는 가마쿠라에 있는 선생님의 집에서 요리 공부를 했다. 그때 하루에 세 번 식사를 준비했지만 단 한 번도 칭찬을 받은 적이 없다. 어느 날 뒷밭에서 토란을 캐 껍질을 벗기고 삶은 다음, 다시마와 가다랑어포로 진하게 우려낸 육수, 술, 극소량의 미림, 우스쿠치 간장으로 맛을 내고 마지막으로 유자즙을 첨가한 토란 요리를 준비했다.

*일본 규슈에서 처음 만들어진 청화백자의 하나.

> 선생님은 요리를 내놓자마자 젓가락을 들어 맛을 보시더니 "음, 맛있군" 하며 고개를 끄덕이셨다. 그곳에서 처음으로 들은 칭찬의 말이었다. 가볍게 고개를 숙이며 "감사합니다" 하니 선생님은 고개를 흔들었다. 이런 경우가 처음이기도 했고, 또 예를 제대로 갖추지 못했나 싶어 다시 머리를 깊이 숙이며 "정말 감사합니다"라고 했다. 선생님은 특유의 매서운 눈초리로 나를 쳐다보시면서 "아니야, 이 토란은 맛있는 토란이란 말이야"라고 하셨다. 그때 얼마나 무안했던지.

로산진이 말하는 미식의 본질은 이처럼 '천미天味'를 그대로 받아들이는 것이다. '맛있는 것을 먹는 것'과 '맛있게 먹는 것'은 궁극적으로 같은 말이지만 로산진의 말과 행동은 새로운 점을 시사한다.

로산진의 절대 미각

희대의 미식가 기타오지 로산진의 미각에 대한 이야기를 들어보자.

어느 날, 어떤 잡지 기자가 대뜸 "음식을 어떻게 하면 맛있게 먹을 수 있는가"를 물어온 적이 있다. 세상에는 대단히 단순하고 어리석은 질문을 하는 무리가 있다. 이런 이들은 요리에 대해 마음으로 접근하려는 사람들이 아니다. 이렇게 직업적인 사람의 질문은 무엇보다 마음으로 듣게 되질 않는다. 그래서 나는 딱 잘라 "배고프면 제일 맛있지"라고 대답해주었다. 그 남자는 멀뚱하게 나를 쳐다볼 뿐이었다.

비슷한 이야기지만, 나는 요리사를 구할 때 좋아하는 음식을 묻는다. 그러면 많은 요리사들은 "생선을 좋아합니다" "채식을 좋아합니다" 하는 식으로 대답한다. 전문 요리사가 이래서는 곤란하다. 그것은 마치 아이에게 "너 어디 가니?" 하고 물었는데 "저기요"라고 대답하는 것과 마찬가지이다. 요리사 중에는 이런 사람들이 흔히 있다. 매력 있는 요리사라면 "아카시의 돔이 최고지요"라든가 "확실히 간사이 지방의 생선이 맛있습니다"라는 식으로 표현이 구체적이고 적극적이어야 한다.

이렇지 못한 사람이 자기가 좋아하는 것을 제대로 알고 말할 수 있을까? 단언하건대 절대로 미식에 정통할 수 없다. 미각에 대해 무신경하다고나 할까. 아니면 애초부터 미각이 둔한 인물이라고나 할까. 맛을 잘 모르는 사람이 맛에 흥미를 가지지 못하는 것은 너무나 당연하다. 산해진미를 쌓아놓아도 그에게는 다 같은 음식일 뿐이다. 그런 인간에게는 "배가 고프면 맛있다"라는 대답밖에 할 수 없는 것이다.

그렇다고 맛을 잘 모르는 것이 결함이라는 말은 아니다. 선천적으로 코가 높거나 낮은 것과 같아 특별히 부끄러워할 것은 없다. 단지 그런 사람은 맛있는 것을 만들거나 요리를 하는 일에 적당하지 않을 뿐이다. 그러나 공자도 "사람은 먹지 않고는 살 수 없다. 그렇다면 맛을 아는 것이 중요하다"고 했듯이, 맛을 이해하고 즐기려는 마음은 필요하다.

맛은 몸으로 느껴야 한다. 비싸고 호화로운 음식을 통해 얻어지는 것도 아니며, 요리사가 주는 대로 받아먹어서도 알 수 없다. 진실하고 간절한 마음으로 음식을 먹을 때 비로소 몸이 맛을 납득하게 되고, 흔들리지 않을 미각이 버티고 서게 된다. 미각은 절대적인 것이라 상황에 따라 달라져서는 곤란하다.

로산진은 재료를 중시했기에 재료를 선택할 때 무척 까다로웠다. 그는 재료에 대한 절대적인 미각을 가지고 있었다. 요정 호시가오카사료에서는 무 껍질이나 가지의 꼭지를 함부로 버릴 수 없었다. 로산진은 껍질을 버릴 무와 버리지 않을 무를 구별했다. 껍질째 요리하는 경우와 껍질을 깎아내는 경우도 구별했다. 때론 재료에 따라, 때론 요리에 따라 결정했다. 이 모든 것은 맛을 위함이었지만, 요즘 주목받고 있는 매크로바이오틱이라는 건강 식사법에도 로산진은 정통했던 것이다.

로산진이 맛있는 무의 껍질을 된장에 숙성시켜 무절임을 만들었을 때 사람들은 쓰레기를 이용한다고 비난했다. 그는 무 껍질을 쓰레기라고 하는 것은 무지임을 잘 알고 있었고, 껍질 부분에는 특별한 맛과 영양이 있기 때문에 무조건 껍질을 깎는 것은 오히려 비난받을 일이라고 반박했다. 로산진이 껍질을 깎는 경우는 모양을 절대시하는 요리를 할 때나 재료의 신선도가 떨어진 경우로 한정되었다. 그가 무 껍질로 담은 절임반찬은 호시가오카사료의 명물이 되기도 했다.

처음에는 이걸 이해하지 못하는 요리사들이 적지 않았다. 손님에게 비싼 돈을 받고 무를 껍질째 먹게 하는 것이 납득되지 않았던 것이다. 한 젊은 요리사가 그것에 대해 신문기자에게 이렇게 털어놓은 적이 있다.

"호시가오카사료에서 비싼 값을 하는 것은 과일밖에 없다. 나머지는 다른 곳과 다르지 않으니 이것은 사기 행위다."

로산진의 답은 이러했다.

"그렇다면 항상 수묵 산수화보다 금분 화조도가 뛰어나다는 말인가? 그것은 종이에 그린 그림은 비단에 그린 그림보다 가치가 떨어진다고 말하는 것과 같은 무지한 생각이다."

이것은 귀중한 재료를 함부로 버리지 않는 정신과 함께 절대 미각이 뒷받침되지 않고서는 가능하지 않은 발상이다.

미각 일화

로산진의 요리와 그릇과 미각에 대해서는 누구도 감히 토를 달지 못했다. 다음은 그의 미각에 관한 재미있는 이야기다.

마쓰우라 오키타는 이십대 초반에 호시가오카사료의 3대 요리주임이 된 인물이다. 그가 주임이 되기 전의 일이다.

오키타는 로산진의 말을 쉽게 받아들이지 못했다. 어렸기도 했지만 절대적인 존재로 군림하는 로산진을 보면서 '저 사람이 정말 그렇게 대단한 미각을 가지고 있을까' 하는 의심을 가졌다. 그는 로산진의 미각이 어느 정도인지 확인하고 싶은 마음이 굴뚝 같았다.

로산진의 방은 2층에 있었으며 주방이 잘 내려다보이는 곳에 자리 잡고 있었다. 로산진은 늘 그 방에 앉아 주방에서 일어나는 일들을 관찰하며 마음에 들지 않는 것이 보이는 즉시 지적

하곤 했다. 어느 날 저녁 7시가 넘은 시각이었다. 술을 무척이나 즐긴 로산진은 그날도 자기 방에서 주방을 내려다보며 맥주를 마시고 있었다.

그날 요리에서 가장 마지막으로 나온 된장국은 아주 조금 싱거웠다. 정말 분간하기 어려울 정도였다. 오키타는 로산진이 약간 취한 상태이니 미각을 시험하기에 좋은 기회라고 생각하고, 작은 종지에 국을 담아 가지고 가서 간을 봐달라고 했다. 혀를 대본 로산진은 "싱거워" 하고 딱 부러지게 말했다. 오키타는 나와서 잠시 있다가 똑같은 국을 가지고 들어갔다. 역시 돌아온 답은 간단하게 "싱거워"였다. 어차피 뽑은 칼이었다. 오키타는 세 번째에도 같은 국을 가지고 들어갔다. 로산진은 맛을 보더니 화를 벌컥 내면서 "싱거워! 싱겁다는 말도 몰라? 이 바보 자식아!" 하며 고함을 질렀다. 네 번째에는 간을 맞추어 가지고 가니 그제야 비로소 "좋아, 이젠 됐으니 손님에게 가지고 가" 하고 맥주를 들이켰다.

며칠 후 로산진은 지배인인 하타 히데오秦秀雄에게 말했다.

"오카야마에서 온 애송이 녀석 있지? 글쎄 그놈이 나를 시험하려고 하더란 말이야. 술에 취했다고 미각까지 취한 줄 안 모양이지?"

그러고는 호탕하게 웃었다. 그 일로 오키타는 로산진이 정말 무서운 미각을 지닌 사람임을 알았다고 했다.

로산진의 레시피

사람들은 유명 요리사로부터 요리를 배우고 싶어한다. 그러나 직접 지도를 받는 것은 쉬운 일이 아니다. 대신 그들의 요리책에 나와 있는 레시피가 어느 정도 갈증을 해소해준다. 일반적으로 레시피를 들여다보면 요리 재료와 순서, 조미료의 양 등이 주로 나와 있다.

일본이나 한국이나 거기까지는 같다. 다른 점이 있다면 일본 요리에는 반드시 자기 이름을 지닌 그릇이 등장한다는 것이다. 그렇게 된 배경에는 로산진이란 인물이 존재한다. 여기서는 로산진 특유의 레시피에 대해 알아보자.

로산진 레시피의 특징은 식재료나 조미료의 양을 여간해서는 소개하지 않는다는 점이다. 예를 들어 같은 오이라 하더라도 시기에 따라 맛이 다르고 지역에 따라 특징도 다르기 때문에 같은 오이일 수 없다. 요리를 언제 하느냐에 따라서 최상의 재료도 달라진다. 또 좋은 재료냐 아니냐에 따라서도 요리가 달라진다. 결국 그때그때 상황에 맞게 자신의 감각대로 상상력을 발휘하여 요리하라는 것이 로산진의 레시피이다. 이 대범한 레시피의 핵심은 자기다운 요리에 도전하는 것이다.

사람들은 그날의 날씨에 따라 끌리는 음식이 다르며 맛도 다르게 느낀다. 자극적인 음식이 당기는 날이 있고, 담백하고 부드러운 음식이 끌리는 날도 있다. 차가운 바람이 불면 냄비에 끓인 뜨거운 음식이 생각나며, 더운 날에는 시원한 음식이 먹고 싶어진다. 로산진이 요리할 때 가장 고려했던 것 중의 하나가 날씨였다. 이렇게 사람들의 미각은 계절과 날씨에 따라 달라진다. 단정적인 레시피는 바람직하지 않은 것이다.

> 요리를 가르친다고 소금 몇 그램, 설탕 몇 술, 간장 몇 술 등을 정확하게 소개하며, 파를 적당하게 자르고 소금과 후추는 또 얼마나 쳐야 하는지를 말해야 하는가. 무엇무엇을 몇 그램씩 사용하라는 요리법을 따르는 것이 과학적 문화생활이라고 생각하는 사람이 있다. 과학적 문화인이란 과학 하는 생활을 자유롭게 영위하는 사람이지 소금 몇 그램에 얽매이는 사람이 아니다.

로산진은 같은 재료라 하더라도 상황에 따라 요리하는 방법이 달라져야 하기 때문에 조미료의 양을 정해준다는 것은 납득할 수 없다고 했다. 같은 재료라도 간장으로 맛을 내고 싶을 때가 있고 소금으로 맛을 내고 싶을 때가 있다. 아침에 따온 죽순이라면 담백한 육수에 살짝 데쳐서 먹고 싶은 것이 보통이다. 그때 소금 몇 그램, 설탕 몇 스푼 따위는 필요 없다. 그런 걸 따지는 것은 융통성이 없는 것이며, 식재료와 자신의 기대와 즐거움을 무시한 레시피라고 로산진은 말하고 있다.

예를 들어 새우 요리를 할 경우 재료와 날씨, 개인의 취향에 따라 조리법이 달라져야 한다는 것은 누구도 부정할 수 없다. 이런 이치로 보면 요리책에 소개된 레시피는 그 요리사의 요리일 뿐이다. 결국 로산진의 레시피는 구체적이지 않고 추상적이다. 물론 로산진도 요리법을 소개하기는 하지만 그의 레시피는 요리의 철학이나 정신에 가깝다.

조미료는 조연

로산진의 요리에서 재료와 조미료의 관계를 살펴보자.

> 모든 재료는 각기 독특한 맛을 가지고 있다. 이것을 살리는 것이 가장 중요한 일이다. 아니, 적어도 손상시켜서는 안 된다. 그것들은 수천 년이 되어도 하나하나 다른 맛을 지닌다. 이것을 살려야 한다.

신선한 재료는 그것만이 가지는 달콤함이 있다. 달콤함이란 각 식재료가 지닌 본래의 맛을 의미한다. 고유의 깊은 맛은 조미료나 향신료로 살아나는 것이 아니다. 소금, 간장, 된장, 설탕, 미림, 식초, 다시마, 가쓰오부시*, 멸치 등 어느 것이나 맛을

* 가다랑어를 쪄서 말린 포 또는 그것으로 만든 조미료.

더하는 데 중요하지만 이들은 어쨌거나 조연일 뿐이다.

일본 간장은 에도 시대 초기까지는 다마리 간장이 주류를 이루었다. 이것은 삶은 콩에 누룩을 섞어 발효시킨 다음 소금과 물을 넣어 숙성시킨 진간장인데, 숙성에 3년이나 걸려 수요를 감당해내지 못했다. 그래서 1640년 1년 만에 숙성되는 간장을 개발했고, 1647년부터는 네덜란드 동인도회사를 통해 유럽으로 수출까지 하기에 이르렀다. 이때부터 일본 간장은 진한 간장인 고이쿠치와 연한 간장인 우스쿠치로 나뉘게 되었다.

로산진은 간장을 사용할 때 신중을 기했고 역시 미식가답게 연한 우스쿠치 간장을 선호했다. 담백한 우스쿠치 간장은 재료 본래의 맛을 살리는 데 적합했다. 또한 재료를 시각적으로 살려내는 데도 알맞았다. 일반적으로 회에는 진한 간장을 곁들이는데 로산진은 연한 간장을 선호했다. 진한 간장은 본래의 맛을 느끼는 데 장애가 되었기 때문이다. 로산진이 우스쿠치 간장을 선호한 것은 조미료의 역할을 최소한으로 줄이고 재료 본래의 맛을 살리기 위함이었다.

일본 요리는 간토 요리로부터 점점 간사이 요리를 높이 평가하는 쪽으로 흘러왔는데, 로산진은 그 이유가 간장에 있다고 보았다. 간토 요리는 에도 시대부터 진한 간장을 사용해왔으며, 맑은장국 하나를 끓이더라도 도쿄 요리는 우스쿠치 간장을 쓰지 않고 소금으로 간을 했다. 그것이 나쁘다는 말이 아니라, 금세 맛의 변화를 가져올 수밖에 없다는 것이다.

로산진은 설탕을 좋아하지 않았다. "설탕은 열등한 재료를 속이는 비밀이 있다"고 한 것은 그것을 경계하라는 의미였다.

에도 시대 이후 요리는 설탕의 영향으로 단맛이 매우 강했다고 한다. 가난한 시절에는 '단맛은 곧 맛있음'이라는 등식이 있었으며, 보통 사람들은 비싼 설탕을 맛보기가 어려워 더욱 단맛에 이끌리지 않았을까 여겨진다.

로산진은 화학조미료 사용이 늘어나면 결국 음식 맛이 저하될 것이라는 우려를 표하기도 했다. "조미료가 살면 재료는 죽는다." 그는 이런 슬로건을 내걸고 싶었을 것이다.

로산진의 미식, 무미無味의 미味

로산진은 미식의 깊이를 이렇게 말했다.

"헤아릴 수 없을 만큼 무량無量의 매력이 있어야 한다."

'무량의 매력'을 달리 표현하면 '무미無味의 미味'라 할 수 있다. 복어와 고사리를 즐긴 이야기, 두꺼비와 도롱뇽을 요리했던 이야기를 통해 미식의 의미를 생각해보자. 경우에 따라서 이는 엽기적으로 느껴질 수도 있지만, 미식에 대한 로산진의 본능적 호기심을 이해할 수 있는 계기가 될 것이다.

바다에는 복어, 산에는 고사리

로산진은 진정한 미식이란 맛을 단정할 수 없는 경지라고 했다. 사람이 헤아리기에는 너무도 깊고 오묘해 단정할 수 없는 매력이 들어 있다는 것이다. 로산진이 식재료 중에서 가장 맛있는 것으로 바다에서는 복어를 꼽은 것도 그런 이유에서였다. 도쿄에서는 복어를 먹기가 쉽지 않았다. 그래서 로산진은 겨울부터 이른 봄까지 매일 복어를 먹을 수 있는 도쿠시마나 이즈모, 시모노세키에 사는 사람들을 부러워했다.

어느 날 로산진은 규슈에 갔다 오는 도중 시모노세키에 들렀다. 저녁에 그곳에서 복어 요리를 먹다가 복어가 지닌 깊은 맛을 느끼게 되었다. 다음 날 아침 눈을 뜨자마자 복어 생각이 간절했지만 그는 사정이 여의치 않아 곧바로 히로시마로 떠날 수밖에 없었다. 히로시마는 생굴이 유명했다. 굴 요리는 다른 것과 비교해 뒤떨어지지 않는 음식이었지만 전날 복어를 먹었던 아침에는 달랐다. 생굴의 맛은 혀끝에서만 머물 뿐 마음을 사로잡지는 못했다. 결국 그날 밤에 다시 복어 요리를 먹어야 했다고 그는 술회하고 있다.

복어의 맛은 그가 유난히 좋아했던 장어 양념구이, 병어 된장절임, 참치 스시의 맛과 비교해 조금도 뒤떨어지지 않았다. 자라도 맛이 좋지만 복어와 비교하면 한 수 아래였다. 로산진

로산진의 소품

이 높이 평가한 맛은 무작無作의 작作, 무미의 미였다. 얼마나 뻗어나갈지 알 수 없는 맛, 즉 전개성이 무한한 맛이었다. 그가 볼 때 복어가 바로 그런 맛을 지니고 있었다.

산에서 나는 식재료 중에서 로산진이 최고로 꼽은 것은 고사리였다. 그 이유는 복어와 같았다. 그는 고사리를 모양이 부서지지 않게 살짝 데친 다음 간장만을 곁들여 먹었다고 한다. 고사리의 맛은 미각을 강하게 끌어당기지는 않는다. 정말 무미의 미라고 할 수 있다. 은근한 맛을 잡아채기 위해 온몸의 미각 신경을 곤두세우지 않으면 그 맛을 느낄 수 없다. 로산진의 미식은 역설적 논리를 통해 다가가야만 이해할 수 있는 깊이를 가지고 있었다.

두꺼비와 도롱뇽 요리

로산진은 만년에 개구리를 잡아 요리해 먹기도 했는데, 개구리는 동서양을 막론하고 식용으로 이용되고 있다. 그런데 두꺼비라면 문제가 다르다. 두꺼비는 왠지 음식의 이미지와는 거리가 멀기 때문이다.

로산진이 두꺼비를 처음 먹어본 것은 상하이의 한 음식점에서였다. 그곳은 개구리 요리점이었는데, 개구리라는 재료가 그의 호기심을 자극했다. 그것은 기대 이상으로 맛있었다. 도대체 어떤 개구리인가 싶어 자세히 보니 일본 두꺼비보다 약간 작고 불그스레한 색을 지니고 있는 두꺼비의 일종으로 보였다. 개구리가 맛있는 시기는 겨울잠을 잘 때라지만 상하이에서 로산진이 그 요리를 먹은 때는 5월이었다. 맛도 기억에 남을 만한 맛이었다. 이때 로산진은 일본 두꺼비를 떠올렸다. 그러나 두꺼비의 표피를 생각하니 손을 대고 싶지 않았고, 어떤 계기가 있지 않으면 음식으로 요리하기는 불가능해 보였다.

그 이후 두꺼비 요리가 기억에서 잊힐 무렵 세토에서 온 도공이 자기 고향에는 두꺼비 요리를 하는 식당이 많으며, 누구나 두꺼비를 보면 잡아먹는다는 이야기를 했다. 도공 자신도 두꺼비를 잡아먹었다고 했다.

어느 날 로산진은 세토 아카즈에 갈 일이 생겼다. 그곳에 간 로산진은 사람들에게 두꺼비를 먹느냐고 물어보았다. 하지만 도공의 말과는 다르게 먹는다고 대답하는 사람이 없었다. 만나는 사람마다 물어봤지만 대답은 마찬가지였다. 그는 무엇에 홀린 듯한 기분이 들었다. 두꺼비를 먹느냐고 묻는 것이 부끄러운 일이 아닌가 하는 생각까지 들었다. 두꺼비 요리가 흐지부지되는 것 같아 영 개운치 않았지만 그는 단념할 수밖에 없었다.

세월이 꽤 흐른 후 교토 도자기 공장에 간 로산진은 우연히 세토에서 온 그 도공을 다시 만나게 되었다. 그동안 있었던 이야기를 하니 그 도공은 여전히 자신 있게 말했다.

"아니에요, 두꺼비는 맛있고 누구나 먹을 수 있어요."

그러자 옆에 있던 다른 도공이 말했다.

"이 근처 연못가에 두꺼비가 사는데 그놈을 잡아먹으면 되지 않겠습니까?"

로산진은 기뻐하며 제법 많은 돈을 걸었다.

"잡아오는 사람에게 마리당 1엔씩 다섯 마리까지 사겠소."

마침 점심시간이라 도공들은 즉시 연못으로 향했다. 연못은 겨울이어서 수위가 많이 내려가 있었다. 두꺼비는 연못 가장자리 경사면의 굴속에서 동면 중이었다. 로산진은 청나라 요리책 어딘가에서 "동굴의 두꺼비는 맛있다"란 글을 읽은 기억이 났다. 동굴이라 해서 큰 굴이 아니고 바로 겨울잠을 자는 굴임을 그는 깨달았다.

두꺼비는 아주 깊이 들어가 있어 가장자리에서 아무리 팔을 뻗어도 손이 닿지 않았다. 물에 들어가지 않고는 두꺼비를 잡기가 불가능했다. 의욕적으로 덤비던 도공들은 손을 넣어 물컹한 것이 닿자 놀라서 소리 지르며 난리를 피웠다. 그런 우여곡절 끝에 그들은 결국 두꺼비 다섯 마리를 잡아왔다.

먹어보았다는 사람이 말한 대로 껍질을 벗기고 전골처럼 요리했는데, 바로 상하이 요리점에서 본 방식 그대로였다. 그렇게 요리한 두꺼비는 매우 색다른 맛이 있었다. 아삭하게 씹히는 살은 닭이나 오리 가슴살보다 더 맛있었다. 약간 쓴맛이 나긴 했지만 로산진은 다음 날까지 다섯 마리를 몽땅 먹었다.

일본 두꺼비는 사람들이 먹으려 하지 않는 것치고는 괜찮은 맛을 지니고 있었다. 로산진은 자신이 먹은 두꺼비는 개구리보다 한 수 위의 맛이었고, 중국에서 먹은 요리보다도 훨씬 맛있었다고 회고했다. 선입관이나 혐오감 때문에 먹으려는 생각조차 하지 못하는 두꺼비인데, 굳이 맛을 확인해보려 한 로산진의 미식에 대한 집념이 대단하다.

도롱뇽*은 보통 길이 60센티까지 자라는데, 보호 동물로 포

획이 금지되어 있어 특별한 경우가 아니면 먹을 수 없다. 일본에서는 "도롱뇽을 죽일 때는 곤봉으로 머리를 내리쳐 단번에 죽여야 한다. 그래도 그 단말마의 비명이 정말 소름끼친다"는 말이 전해온다. 중국의 『촉지蜀志』에 "도롱뇽은 나무에 매달아 놓고 막대기로 때려 요리한다"라는 글이 기록되어 있음을 로산진은 알고 있었다.

로산진이 그린 도롱뇽

도쿄 대지진이 일어나기 전 어느 날이었다. 친분이 두텁던 수산강습소 소장이 도롱뇽 세 마리를 손에 넣자 그중 한 마리를 로산진에게 보내왔다. 60센티가 넘는 크고 이상하게 생긴 놈이었다. 보기만 해도 기분이 나쁜 놈이었지만 도마 위에 놓고 보니 그래도 두꺼비보다는 징그럽지 않았다.

로산진은 들은 대로 큰 나무 막대기로 단번에 도롱뇽의 숨통을 끊었다. 배를 가르자마자 놀랍게도 산초 냄새가 진동하기 시작했다. 배 속은 깨끗했고 살은 아름다웠다. 과연 깊은 산 맑은 물에 사는 놈다웠다. 살을 토막 내자 산초의 향긋한 냄새가 점점 짙어지더니 주방뿐 아니라 집 전체에 퍼지기 시작했다. 신비로웠다.

요리는 자라 요리를 염두에 두고 했는데 자라와 전혀 달랐다. 익지 않을 뿐 아니라 오히려 살이 점점 단단해지는 느낌이었다. 세 시간을 삶았는데도 역시 단단했다. 그렇게 얼마를 더 삶았을까, 겨우 이가 들어갈 정도로 익은 도롱뇽의 맛은 경이로움 그 자체였다. 최고의 음식 반열에 드는 자라와 복어를 섞

●
* 원래 이름은 산초어山椒魚로 살에서 산초 향이 나는 도롱뇽이다.

어놓은 맛이었다. 자라 요리가 최고의 음식이긴 하지만 다소 불쾌한 냄새가 있는 데 비해 도롱뇽 요리는 그런 냄새마저 없는 것 같았다. 국물 또한 비길 데 없이 좋았다.

다음 날 먹어보니 맛이 한층 더 좋았다. 딱딱하던 살이 식으니 그렇게 부드러울 수가 없었다. 로산진이 도롱뇽을 먹어본 것은 일생에 세 번이었다고 한다.

로산진은 그밖에도 사람들이 꺼리는 다양한 것들을 먹어보았는데, 경험에 의하면 보기에 혐오스러운 것은 맛이 그다지 좋지 않았다고 한다. 두꺼비는 생김새에 비해 맛있었고, 가장 색다르고 예외적인 것은 도롱뇽이었다고 한다. 도롱뇽을 '진귀하다'고 극찬한 것은 그것의 희귀성보다는 역시 '진미珍味' 때문이었을 것이다.

오차즈케お茶漬け

일본에서 오차즈케의 시작은 차가 기호품으로 자리 잡은 에도 시대 중기로 거슬러 올라간다. 그때부터 식은 밥에 따뜻한 차를 부어 먹기 시작했는데, 오차즈케는 일종의 패스트푸드이면서 서민이 먹는 음식이었다.

로산진은 오차즈케를 아주 좋아했다. 사람들은 경제적 능력에 따라 먹는 요리에도 큰 차이가 난다. 그러나 미식가나 부자들이라고 늘 최고급의 회와 쇠고기만을 찾지는 않는다. 그들도 간단하게 끼니를 해결하고 싶을 때가 있다. 로산진은 그럴 때 오차즈케가 그만이라고 생각했다.

그러나 로산진은 전통적인 방식 그대로가 아니라 역시 그다운 창의성을 발휘했다. 우선 식은 밥을 쓰지 않았다. 그는 최고급 쌀로 밥을 해서 밥통으로 옮긴 뒤 약 5분 정도가 지난 그런 밥을 사용한 것부터가 기존과 달랐다. 기존의 오차즈케 개념이 아니었다. 찻물을 만들기 위해 사용하거나 곁들이는 재료 역시 최고의 것을 사용했다. 간단히 끼니를 때우는 음식이 아니라 훌륭한 요리로 탈바꿈시켰다. 오차즈케의 새로운 혁신이었다.

로산진의 소품

여기서 밥에 대한 로산진의 시각을 살펴보자. 로산진은 "맛의 극치는 밥에 있다"고 말한 적이 있다. 물론 그의 말을 액면 그대로 받아들일 수는 없지만, 매일 먹는 것은 그만큼 밥이 맛있다는 증거로 보았다. 그는 그때 이미 현미의 맛에 매료된 사람이기도 했다.

로산진은 요리사들이 밥을 등한시하며, 밥하는 것을 체면 구기는 일로 생각하고 있다고 비판했다. 일본에서는 요리사를 이타마에板前라 하기도 하는데 나무판, 즉 도마 앞이라는 의미다. 그 말처럼 요리사들이 그저 도마 앞에서 회나 요리하면 되는 줄 안다고 로산진은 비판했다.

진정한 요리사라면 자기가 직접 밥을 하지 않는다 하더라도 밥에 통달해 있어야 한다. 그래야 요리를 전체적으로 파악할 수 있게 되는 것이다. 아무리 훌륭한 요리를 내어놓는다고 하더라도 마지막에 나오는 밥이 좋지 않으면 앞선 모든 것이 부정적으로 보이기 십상이다. 그래서 호시가오카사료에서 요리사를 선발할 때 중요시했던 것 중 하나가 아주 당연한 것이지만 밥을 잘할 수 있는가였다.

로산진의 집에는 늘 선물로 들어온 각 지역의 유명 토산물이 넘쳐났다. 호시가오카사료에서 배워 각지로 퍼진 요리사들은 전쟁 중에도 귀한 식재료들을 보내주곤 했다. 보리새우는 새끼손가락 정도의 크기가 맛있는데, 그것이 들어오면 튀김을 해서 먹을 것 외에는 조림을 만들어두었다. 조림을 할 때는 머리와 껍질, 내장을 제거한 새우를 간장과 술을 섞어 끓인 소스에 익혔다. 식사 시간이 되면 사발에 밥을 넣고 그 위에 새우조림을 듬뿍 얹은 다음 뜨거운 차를 부어 오차즈케를 만들었다. 로산진은 싱싱한 새우와 어울리는 오차즈케의 깔끔하고 담백한 맛을 즐겼다. 때로는 지난밤 먹다 남은 새우튀김이 있으면 그것을 석쇠에 구워오라고 했다. 양념에 찍어 드려나 하고 보고 있노라면 그걸 밥 위에다 놓고 역시 오차즈케를 만드는 것이었다. 간은 소금과 우스쿠치 간장을 조금 더하는 정도였다.

1935년 로산진은 『아사히 신문』에 조스이雜炊* 요리법을 연재했는데, 그의 독창적인 낫토納豆** 조스이 레시피는 다음과 같다.

- 재료: 약간 식은 밥, 낫토, 파 약간.
- 조미료: 간장, 육수(다시마와 가쓰오부시).
- 요점: 낫토를 잘 섞을 것, 지나치게 끓이지 말 것.

이보다 앞서 잡지 『세이코』에 '오차즈케 10종'을 소개했는

* 채소나 어패류 등을 잘게 썰고 된장이나 간장으로 간을 맞추어 끓인 일종의 죽.
** 메주콩을 짚 속에서 발효시킨 것으로 청국장과 유사하다.

데 그중의 하나가 낫토 오차즈케였다. 낫토 오차즈케는 비록 자신의 독창적인 요리는 아니지만, 맛에 비해 세상에 널리 알려지지 않았음을 안타까워하며 상세하게 소개하고 있다.

낫토 조스이는 낫토 오차즈케를 보다 발전시킨 요리였다. 조스이 요리법 연재는 당시로 보면 획기적인 신문 연재였다. 당시 일본 사회는 군국주의 체제여서 검소한 생활을 강조했다. 이 연재가 실린 다음 해에 "사치는 적이다"라는 슬로건이 거리에 걸리고, 음식점에서 쌀밥을 내놓는 것도 금지할 정도였다. 그럼에도 이렇게 독특한 요리법을 신문에 연재할 수 있었던 것은 최고의 미식가 로산진의 영향력과 능력을 보여준 일이라 하겠다.

요리 블로거에 바란다

인터넷에는 모래알처럼이라고 할 수 있을 만큼 블로그가 많다. 좋은 콘텐츠를 가진 블로그는 많은 주목을 받고 있는데, 요리를 주제로 한 블로그는 그중에서도 특히 인기가 많다. 우연히 찾아간 어느 블로그는 유명인의 블로그가 아니었는데도 방문객 수가 하루에 10만 명을 넘고 있었으며, 총 방문객 수는 이미 3천만 명을 넘기고 있었다.

놀라운 것은 블로거가 알려주는 간단한 정보 하나에도 방문객들이 고마워하고 감격해하는 모습이었다. 이렇게 요리해보세요, 이런 건 버리세요, 간장은 이렇게 사용하세요……. 여러 이야기들이 오순도순 오가고 있었다. 속으로 '무어 대단한 것도 아닌데' 하다가도 수많은 댓글이 달리는 것을 보고 곰곰이 생각해보았다. 우린 모르는 게 너무나 많다는 생각이 들었다. 모르는 것 자체가 문제일 수는 없지만, 나쁜 결과로 이어질 가능성이 있기에 문제인 것이다.

어린 시절 명절 때 전을 부치던 장면이 지금도 기억 속에 선명하게 떠오른다. 그때는 마당에 솥뚜껑을 거꾸로 걸어놓고 전을 부쳤다. 불 조절을 해야 했기에 큰 장작이 아닌 중치 이하의 장작으로 불을 피웠다. 연기가 사방으로 흩날리면 전을 부치던 어머니도, 옆에서 군침을 흘리던 아이들도 눈물을 훔치기에 바빴다. 돼지비계에서 짜낸 기름을 솥뚜껑에 두를 때는 임금님 옥새처럼 깎은 무를 사용했다. 전을 솥뚜껑에 올리고 나무 뒤집개로 눌러 펴면, 지글지글하는 소리와 고소한 냄새가 집을 감쌌다.

지금은 방에서 간편하게 전기 프라이팬으로 전을 부친다. 기절초풍할 일은 여기서 일어난다. 뜨거운 프라이팬 위에서 익어가는 전을 뒤집거나 눌어붙은 밀가루를 긁어내는 도구가 플라스틱 아니면 멜라민 수지 제품이라니! 닳아서 비스듬히 날이 선 모습엔 섬뜩함까지 느껴진다. 요즘 많이 바뀌었지만 얼마 전까지만 해도 텔레비전 요리 프로그램에 출연하는 수십 년 경력의 요리사도 별반 다르지 않았다. 그것이 몰랐다고 변명할 일인가. 또한 그것이 어디 뒤집개에 국한된 일인가.

지금 가정에서나 음식점에서 요리를 하는 우리는 스스로에게 질문해보자. 많은 요리책과 블로그 속에 나오는, 맛과 색만 뽐내는 수천 가지의 요리에 몰두하고 있지는 않은지 말이다. 그리고 그릇과 식기에 의해 완성되는 요리예술에 대해, 요리에 혼을 불어넣는 것에 대해 우리가 진지하게 생각해보았는지를 말이다.

로산진의 밥그릇과 순무찜 요리
그릇: 동백 무늬 밥그릇
椿文様御飯茶碗
요리: 쓰지 요시카즈辻義一
사진: 시모무라 마코토下村誠

우리는 이제 요리에 역동성을 주문해야 한다. 변화를 원한다는 것은 살아 있다는 증거이다. 이제 그릇에 대해 말해야 한다. 그릇은 요리의 화룡점정畵龍點睛, 요리를 완성하는 것이다. 우리의 사발과 접시, 분청자 술병에 주목하자. 그러면 관심의 바깥에서 서성이던 우리의 문화를 다시 만나게 될 것이며, 과거형이 되어버린 세계 최고의 도자 문화, 우리가 무관심과 무지로 그 존재를 잊어버린 걸작을 다시 만나게 될 것이다.

요리책마다 요리에 사용된 그릇의 이름이 씌어지기를, 수천만 방문객을 자랑하는 요리 블로그에 콘텐츠의 변화가 시작되기를 간절히 기대해본다. 요리의 세계에 들어서면 손을 들고 이정표로 서 있는 사람, 기타오지 로산진에게 그 길을 묻게 된다.

로산진 그릇의 사계四季 —1월에서 12월까지

살아 있다는 것은 죽지 않았다는 것이다. 요리사는 산 것인지 죽은 것인지 분별하는 능력이 있어야 한다. 신이 인간에게 내려준 재료 하나하나의 본래 맛이 유감스럽게도 해가 갈수록 약삭빠른 사람들에 의해 죽어가고 있다.

현대 일본 요리는 계절에 따라 그에 맞는 요리를 선보인다. 고급 가이세키 요리점에서뿐만 아니라 일반 요리 서적에서도 계절별, 월별 요리를 쉽게 볼 수 있다. 이는 결국 재료가 만들어 낸 풍경인데, 로산진 요리철학의 핵심이기도 하다.

로산진이 추구한 절대적인 요리철학은 "본래 가지고 있는 맛을 살려라(持ち味を生かせ)"이다. 서예에 뛰어났던 로산진이 여관이나 음식점을 방문할 때마다 주인들은 그에게 글을 받고 싶어했는데, 그때마다 그가 써주었던 문구는 이 말이었다.

본래 가지고 있는 재료의 맛을 살리는 길은 아주 간단하며 쉬운 것 같지만 실은 무척이나 어려운 일이다.

지금부터 로산진의 요리정신과 요리, 차림멋을 완성하는 그릇을 감상해볼 것이다. 요리는 정월에서 12월까지 월별로 두 종씩 간단한 레시피와 함께 싣는다. 화려한 요리가 아니라 본래 가지고 있는 재료의 맛을 중시한 요리다. 로산진은 지나친 것을 경계했다. 그는 지나치게 손이 많이 간 요리를 그림이 가득한 규슈의 청화백자에 비유한 바 있다. 수고가 지나치면 오히려 최상의 미식에서 멀어진다는 것이다.

소개하는 요리는 이십대 초반에 만년의 로산진에게서 1년 동안 배웠던 쓰지 요시카즈의 솜씨다. 그는 도쿄와 교토에 있는 요리점 '쓰지토메'의 주인인데, 쓰지토메는 대표적인 다도 가문인 우라센케裏千家* 로부터 출입이 허가된 유명 가이세키 요리점이다.

요리: 쓰지 요시카즈辻義一
그릇: 기타오지 로산진北大路魯山人
사진: 시모무라 마코토下村誠

●
* 일본 다도의 완성자인 센노 리큐의 대를 잇는 대표적인 다도 가문으로, 그밖에도 오모테센케表千家, 무샤노코지센케武者小路千家가 있다.

1월

정월은 새해를 맞이하는 경사스러운 달이다. 전통의 도시 교토는 12월 중순부터 새해를 맞이할 준비를 한다. 12월 28~29일엔 집안 구석구석을 깨끗이 청소하고 떡을 빚는다. 마지막 날에는 새해에 먹을 '오세치御節 요리'를 준비한다. 경사스러운 날을 기념하는 오세치 요리에서는 돔, 잉어, 새우 등을 즐긴다. 간토 지방에서는 검은콩, 청어 알, 멸치를, 간사이 지방에서는 검은콩, 청어 알, 우엉을 재료로 요리한다. 가족의 건강을 빌고 벽사진경辟邪進慶(사악한 것을 쫓고 경사를 맞아들임), 다산과 풍년을 기원하는 요리이다.

[왕새우와 석이버섯]

그릇 시가라키 사각 접시信楽しのぎ四方皿

- 왕새우를 잘 씻은 다음 대나무 껍질로 만든 끈으로 새우가 튀어오르지 않게 묶는다.
- 소금으로 간을 한 물에 새우를 데친다.
- 데친 새우를 다시 씻은 다음, 머리 밑에서 몸통에 이르는 껍데기를 자연스럽게 벗긴 다음 살을 드러낸다.
- 살을 결대로 풀고 가볍게 소금 간을 하여 접시 위에 놓는다.
- 말린 석이버섯을 물에 불린 뒤 딱딱한 부분을 잘라낸다. 술과 약간의 설탕을 고이쿠치 간장*에 섞은 다음 와사비를 곁들인다.

* 일본의 대표적인 간장으로는 고이쿠치와 우스쿠치가 있다. 고이쿠치 간장은 색이 짙고 향도 진하다. 간토 지방을 중심으로 발달했으며 대두와 밀이 주원료인데 숙성에는 1~2년이 걸린다. 가장 대중화된 간장이다. 우스쿠치는 간사이 지방을 중심으로 발달했으며, 상대적으로 색이나 향이 진하지 않고 소금 성분이 높은 게 특징이다. 숙성에는 6개월 정도 걸리며 보존 기간이 짧다.

[이와이사카나 祝肴*]

그릇 오리베 접시|織部俎板皿

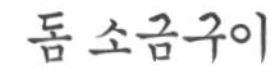

돔 소금구이

- 돔의 비늘을 벗기고 배를 가른 뒤 잘 씻어 소금을 친다.
- 가슴지느러미를 은박지로 싸서 타지 않도록 한다.
- 돔을 꼬챙이에 꿰어 약한 불에 천천히 굽는다.

검은콩

- 하룻밤 동안 물에 불린다.
- 살짝 삶아서 물에 담갔다가 설탕물에 절인 뒤 솔잎으로 꿰어놓는다.

보리새우 노른자 스시

- 보리새우의 머리를 떼어내고 내장을 제거한다.
- 배 쪽에서 대나무 꼬치로 꿰어 소금물에 데친다.
- 소쿠리에 건져낸 뒤 껍데기를 벗기고 배를 갈라둔다.
- 계란을 삶아 노른자만 곱게 으깨 가는 체로 거른다.
- 껍질을 벗긴 마를 1센티의 폭으로 자른 뒤 삶아 으깬다.
- 노른자와 마를 3 대 7로 섞고 소금, 설탕, 약간의 식초로 조미하여 초밥처럼 만든다.
- 그 위에 새우 살을 덮어 스시를 만든다.

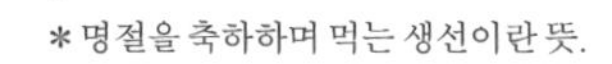

* 명절을 축하하며 먹는 생선이란 뜻.

2월

절임요리의 일종인 고노모노를 보면 재료의 중요성을 새삼 확인할 수 있으며, "요리의 9할은 재료가 차지한다"는 로산진의 말이 생각난다. 채소 하나라도 특정 지역의 특수한 재료가 가진 풍미를 살리는 것이 요리의 핵심으로, 재료 본래의 맛을 해치지 않아야 한다. 보기엔 소박하고 단순하지만, 재료가 지닌 본래의 살아 있는 맛을 음미하는 것이 진정한 미식가의 면모이다.

[고노모노香の物]

그릇 비젠 사발備前片口小鉢

- 스구키*를 잘게 썰어둔다.
- 센마이즈케千枚漬**로 맛있게 절인 미부나壬生菜***를 정성스레 말아 한입에 넣을 정도로 자르고, 잘린 면이 위로 보이도록 한다.

아카카부(붉은 순무) 절임요리

기후 지방의 히다·다카야마에서 생산되는 아카카부로 담그는 절임요리. 처음에는 껍질만 붉던 순무는 숙성하면서 점점 속까지 붉게 물들어간다. 다시마나 가쓰오부시 등으로 조미를 하지 않고 소금만으로 숙성시킨다.

* 교토 가미가모 신사에서 재배한 순무를 천일염으로 숙성시킨 절임요리.
** 교토의 대표적인 겨울 절임요리의 하나. 무를 얇게 썰어 홋카이도산 다시마만으로 숙성시킨 담백한 절임요리.
*** 교토 미부壬生에서 나는 십자화과의 채소로 향이 강하고 매운맛이 난다.

'요리料理'란 말의 뜻은 이치를 헤아린다는 것이다. 로산진은 그것이 요리를 뜻하는 일본어 '갓포割烹'와는 다르다는 점을 분명히 했다. 요리라는 말에는 '갓포'처럼 깎고 익힌다는 의미가 없다. 오히려 나라를 요리한다거나 인간을 요리한다고 할 때 어울리는 말이다. 이처럼 요리라는 것은 도를 추구하는 행위라 할 수 있다. 로산진은 화려한 장식이 아닌 몸에 맞는 요리, 박하지 않으면서 혼이 들어간 요리, 인간을 위한 친절함에서 나온 요리, 그리하여 인간을 만드는 요리를 추구했다. 요리를 예술이라고 하는 근거가 여기에 있다.

[우렁이]

그릇 세토 무코즈케鐵釉瀨戶小向付

우렁이는 로산진이 종종 직접 채취하러 다녔던 재료들 중의 하나다.

- 우렁이를 잘 씻어 살짝 데친 다음 속살을 꺼낸다.
- 술, 약간의 미림*이 들어간 고이쿠치 간장에 얇고 가늘게 썬 생강을 넣고 삶는다.

* 단맛과 알코올 성분이 있는 조미료의 하나. 알코올 성분이 비린내를 제거한다.

3월

일본에서는 3월 3일에 열리는 히나마쓰리*가 유명하다. 이날이 되면 단술에 복숭아 꽃을 띄워 마시는데, 그러면 피부에 윤기가 돌고 병을 막는다고 한다. 유채꽃은 봄이 왔음을 알려주는 전령사로 축제 요리에 자주 사용된다. 봄에 먹을 수 있는 꽃으로는 유채꽃 외에도 민들레, 벚꽃, 난 등이 있다. 꽃이 아니더라도 머위라든가 쇠뜨기, 산란을 기다리는 조개류가 맛있는 계절이 바로 봄이다.

[송어 소금구이와 유채꽃 무침]

그릇 비젠 판상備前牡丹餅俎板長皿

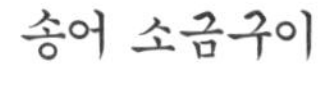

송어 소금구이

- 송어를 잘 씻어 살과 뼈를 분리한 다음, 살 양쪽에 소금을 뿌려 하룻밤 재워둔다.
- 이후 살을 적당히 잘라 쇠꼬치에 꿰어서 숯불에 굽는다.
- 새해에 돋아난 산초나무의 싹을 잘 갈아서 식초를 약간 넣은 뒤 솔로 살에 바른다.

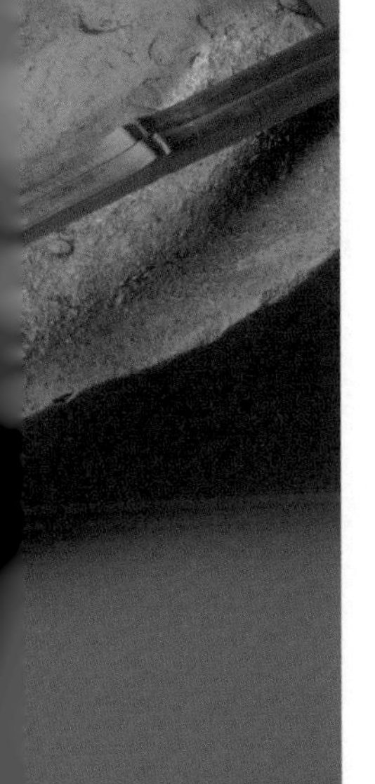

유채꽃 무침

- 유채꽃을 꽃이 달린 부분과 함께 5센티 정도 자른다.
- 뜨거운 물에 데친 다음 물에 담근다.
- 물기를 짜낸 뒤 약간의 다시마 육수, 겨자, 볶은 검은깨를 우스쿠치 간장과 섞고 함께 무친다.

* '마쓰리祭り'는 일본의 각 지역이나 시기에 따라 다양하게 펼쳐지는 축제를 말한다. 히나마쓰리는 3월 3일 여자아이의 행복을 비는 축제이다.

[데마리 스시 手まり寿司]

그릇 시노 사각 접시鼠志野四方皿

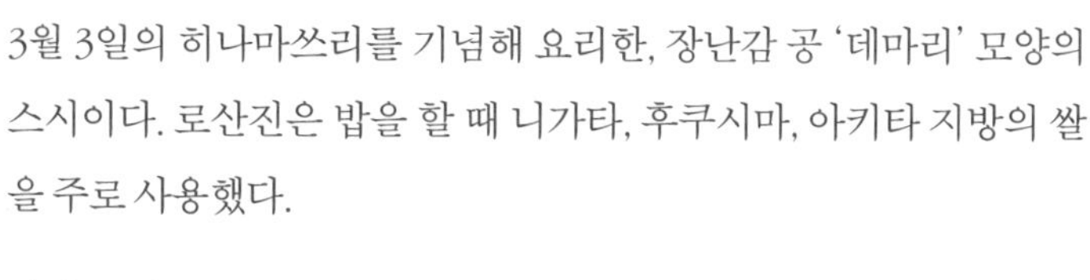

3월 3일의 히나마쓰리를 기념해 요리한, 장난감 공 '데마리' 모양의 스시이다. 로산진은 밥을 할 때 니가타, 후쿠시마, 아키타 지방의 쌀을 주로 사용했다.

넙치 스시

- 살을 잘 떠낸 다음 양쪽에 소금을 쳐서 하룻밤 재워둔다.
- 껍질을 벗겨 식초에 1분 정도 담근 다음 먹기 좋게 썰어서 초밥 위를 덮고 둥글게 만다.

피조개 스시

- 조갯살을 꺼내 잘 씻은 다음 칼집을 낸다.
- 칼집을 낸 조갯살에 식초를 바른 뒤 초밥 위를 덮고 둥글게 만다.

학꽁치 스시

- 살을 잘 떠낸 후 양쪽에 소금을 친다.
- 식초를 바른 다음 초밥 위를 덮는다.

표고버섯 스시

- 생표고의 대를 잘라낸 다음 소금구이를 하여 만든다.

돔 스시

- 살을 잘 떠낸 후 양쪽에 소금을 친다.
- 식초를 바르고 먹기 좋게 잘라 초밥 위를 덮는다.

4월

4월은 죽순의 계절이다. 일본에서는 대나무가 잘 자라며 종류도 다양하다. 이에 죽순은 요리 재료로 즐겨 이용되곤 한다. 식재료라면 생선과 채소도 신선해야 하지만, 죽순은 1년에 한 번 잠시 나타났다가 사라지므로 특히 신선함이 생명이다. 죽순이 돋아나면 돔의 계절이 시작된다.

[돔 구이]

그릇 오리베 부채 모양 접시織部扇面鉢

- 돔의 비늘을 제거한다.
- 내장을 제거한 돔을 물로 깨끗이 씻어 자른다.
- 술 5, 고이쿠치 간장 3, 미림 1의 비율로 만든 양념에 15분 정도 담가놓는다.
- 꼬치에 꿰어 굽는다.

[꼬치 구이]

그릇 비젠 판상備前長皿

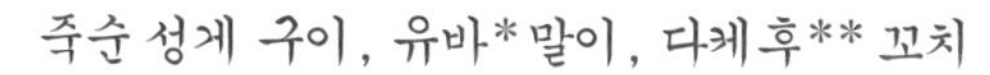

죽순 성게 구이, 유바*말이, 다케후** 꼬치

- 유바를 말아 기름에 튀긴다. 술, 미림, 고이쿠치 간장이 들어간 진한 육수에 익힌 후 다시 숯불에 굽는다.
- 다케후는 푸른 대나무 모양으로 표현하고 술, 소금, 설탕으로 맛을 낸 뒤 먹기 좋게 자른다.
- 죽순에 간을 약간 한 후 성게를 덮어 굽는다.

새우, 오이, 닭고기 꼬치

- 새우의 머리와 내장을 제거한다.
- 껍질째 술과 약간의 미림, 우스쿠치 간장이 들어간 육수에 익혀 맛이 배게 한다.
- 껍질을 벗기고 꼬리를 조금 잘라낸다.
- 오이에 가볍게 소금을 친 다음 다시마와 소금으로 맛을 낸 육수에 담근다.
- 닭고기 다리 살을 잘 다지고 거기에 계란을 조금 섞어 튀긴다. 술, 미림, 고이쿠치 간장으로 맛을 낸다.

* 두유를 끓일 때 표면에 형성되는 막을 걷어 말린 것.

** 밀가루에서 얻은 글루텐 성분으로 만든 가공식품. 꽃, 별, 대나무 등 다양한 모양을 낼 수 있다.

5월

해가 점점 길어지고 일본최고의 요리 재료인 가다랑어의 계절이 시작된다. 머위 줄기를 잘라 데친 다음 껍질을 벗겨내고 가다랑어와 함께 삶아 가다랑어의 맛이 배게 해서 먹으면 이 계절을 제대로 느낄 수 있다.

[잉어회]

그릇 청화백자 무코즈케染付紅葉形向付, 시노 종지紅志野猪口

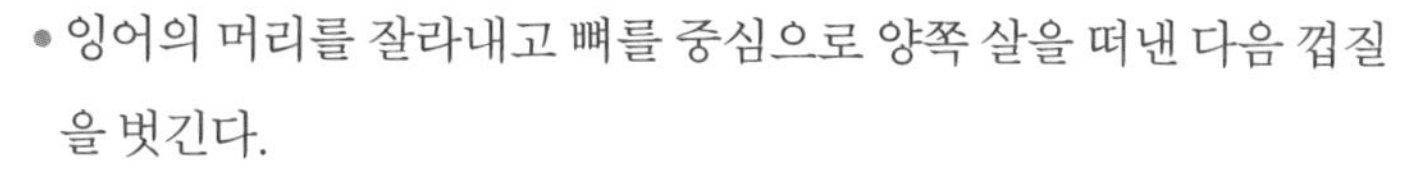

- 잉어의 머리를 잘라내고 뼈를 중심으로 양쪽 살을 떠낸 다음 껍질을 벗긴다.
- 잔뼈가 많으므로 잘게 칼집을 내어 얇게 썬 다음 찬물에 씻는다.
- 물기를 뺀 후 오이채, 바쿠다이莫大*, 호지소穗紫蘇**로 차림멋을 한다.
- 초된장은 시로 된장***에 겨자와 식초를 섞어 만든다.

●
* 중국 원산의 아욱과 식물로 열매는 말렸다가 물에 부풀려 초무침 등으로 회에 곁들인다.
** 중국 남부, 미얀마 원산의 한해살이 풀로 회에 곁들인다.
*** 흰콩과 쌀로 쑨 메주를 가지고 담근 하얀색 된장.

정해진 틀을 벗어나기 위해서는 자기 발로 걸어가야 한다. 산에 가면 계곡과 나무가 있어 아름답다. 거기에는 같은 모양의 나무가 하나도 없고 같은 크기의 꽃도 없다. 같은 종이라도 결국 제각각의 모습으로 성장해가는 것이다. 로산진은 사람들이 올바른 가치관을 가지고 있지 못하다고 꼬집었다. 그는 제철을 맞이한 꽁치보다 주산지도 아니고 제철도 아닌 돔이 더 좋다는 줏대 없는 사람들을 비판했다.

[새끼 산천어와 게와 풋고추 튀김]

그릇 시가라키 사각 접시信樂四方大皿

- 마른 수건으로 살아 있는 산천어의 물기를 닦고 기름에 튀긴 뒤 소금을 조금 친다.
- 게를 산 채로 튀긴 다음 가볍게 소금을 친다.
- 풋고추를 꼬치에 꿰어 기름에 튀긴 후 소금을 친다. 감귤즙을 더해도 좋다.

6월

6월은 은어의 계절이다. 은어는 일본에서 민물고기의 여왕이다. 은어 금어기가 해제되는 시기는 강에 따라 다르지만 대체로 6월 1일경이다. 이때의 은어는 버릴 것이 하나도없어 머리부터 꼬리까지 통째로 먹는데 그 맛이 일품이다. 은어는어린 시절 바다에서 잡식을 하지만, 크면 돌에 붙어 있는 이끼류(규조류)만 먹는다. 이 규조류가 은어 맛을 결정한다. 은어의 향과 크기는 환경에 따라 다르다. 은어는 향이 독특하다고 하여 향어, 1년밖에 살지 못한다고 여겨 '넨교年魚'라 불린다. 최고의 은어 요리는 좋은 환경에서 자란 은어를 잡은 그 자리에서 곧바로 소금구이를 해 먹는것이다.

[은어 소금구이]

그릇 오리베 사각 접시織部四方皿, 은채 물주전자銀彩水差

- 은어를 오름꼬치*로 꿰어 물기를 없앤다.
- 은어에 소금을 고루 잘 뿌린 다음 숯불에 굽는다.
- 다데 식초**를 만들어 곁들인다.

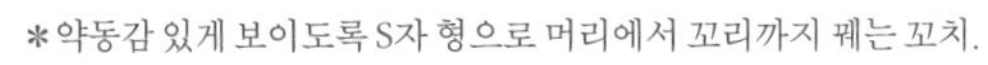

* 약동감 있게 보이도록 S자 형으로 머리에서 꼬리까지 꿰는 꼬치.

** 여뀌풀 잎을 갈아 만든 식초. 아주 오래된 일본의 향신료이며, 비린 맛을 없애 은어의 맛을 제대로 살려주는 최고의 소스로 알려져 있다. 은어가 아니더라도 여름 소금구이에 가장 적당한 조미료이다.

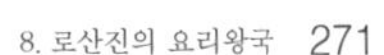

[붉돔 유비키湯引き*]

그릇 오리베 나뭇잎 모양 접시織部葉皿向付

- 붉돔을 씻어 살을 떠낸다.
- 껍질을 벗겨내고 조금 얇게 썬다.
- 40도 정도의 물에 재빨리 데친 뒤 얼음물에 담근다.
- 물기를 제거하고 차림멋을 한다.
- 말린 석이버섯을 하룻밤 동안 물에 불린다.
- 딱딱한 것을 골라낸 석이버섯을 끓는 물에 삶은 뒤 물기를 짜낸다.
- 먹기 좋게 자르고 호지소와 와사비를 곁들인다.

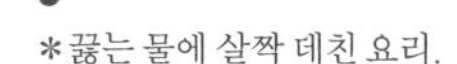

*끓는 물에 살짝 데친 요리.

7월

7월에 열리는 교토의 '기온마쓰리' 때는 갯장어집이 인기가 많다. 이때는 갯장어의 맛이 절정이기 때문이다. 갯장어는 잔뼈가 많은데 그걸 다 제거하는 것은 불가능하다. 따라서 촘촘한 칼집 내기가 필수적이다. 칼날은 회칼과 다르지 않지만 두껍고 무게가 많이 나가는 칼을 사용하는데, 칼날이 아니라 칼의 무게를 이용한다는 느낌으로 칼질하는 것이 요구된다.

[갯장어 기리오토시切り落とし]

그릇 비젠 나뭇잎 모양 접시備前葉皿, 시가라키 종지信樂猪口

- 갯장어의 끈끈한 점액질을 없애고 배를 갈라 내장을 제거한다.
- 피와 물기를 잘 닦은 뒤 두 쪽으로 가르고 가운데 뼈를 제거한다.
- 촘촘하게 칼집 내기를 하면서 서너 토막으로 자른다.
- 뜨거운 물에 재빨리 데친 다음 곧바로 얼음물에 넣는다.
- 스이젠지노리水前寺のり*, 하나호지소花穗紫蘇, 오이를 이용해 차림멋을 한다.
- 매실 간장은 우메보시梅干し**를 으깨어 나온 즙과 고이쿠치 간장을 섞어 만든다. 시큼하고 강한 맛이 나기 때문에 니기리슈煮切り酒***로 맛을 누그러뜨린다.

●
* 규슈 지방의 민물에서 채취한 김의 일종.
** 일본인들이 매우 즐기는 매실장아찌. 매실을 소금에 절여서 만든다.
*** 술을 끓여서 알코올을 증발시켜 만든 조미료.

로산진은 장어를 굉장히 좋아했다. 여름에 자전거를 타고 집에서 제법 떨어진 에노시마까지 가서 장어를 사오곤 했다. 양념을 전혀 하지 않고 구워 와사비와 간장에 찍어 먹거나 양념한 장어를 꼬치에 꿰어 구워 먹었는데, 늘 맛있는 꼬리부터 먹었다. 돔회나 송어회에서는 뱃살을 좋아했는데, 곤란한 것은 송어회였다. 디스토마에 대한 두려움은 당시 꽤 컸다. 로산진도 디스토마를 모르지 않았지만 후쿠야마의 송어를 회로 즐겨 먹었다. "맛있는 요리를 먹고 죽는 것이 소원이야"라고 한 사람. 그가 죽은 원인은 디스토마로 인한 간경화였다.

[민물장어 우엉 말이]

그릇 세토 접시|瀨戶井桁平皿

- 햇우엉을 씻은 다음 먹기 좋게 잘라서 데친다.
- 육수, 술, 우스쿠치 간장으로 부드러운 맛을 낸다.
- 식은 우엉을 몇 개씩 단으로 묶고 그 가운데를 쇠꼬치로 꿰어둔다.
- 우엉을 장어로 둥그렇게 말고 양쪽 끝을 대나무 껍질로 묶는다. 그리고 가로로 꼬치를 꽂는다.
- 우선 위아래의 넓은 면을 굽고 쇠꼬챙이를 뺀 다음 측면을 돌려가며 굽는다.
- 이후 조미한 육수를 발라 다시 굽는다.
- 풋고추를 강한 불에 굽고, 육수와 진한 간장으로 맛을 낸다.
- 생강을 끓는 물에 데친 다음 식초, 소금, 설탕 등으로 만든 소스에 담근다.

8월

모든 것은 하늘이 낸다. 하늘 아래 새로운 것은 없다. 인간이 할 수 있는 일이란 오직 하늘이 만든 것을 인간 세상에 살려내는 것뿐이다. 요리의 첫째 원칙은 재료의 본래 맛을 죽이지 않는 것이다. 그래서 로산진은 단바의 송이버섯이든 쓰카하라의 죽순이든 손에 들어오자마자 요리했다. 냉장고에 넣는다 하더라도 하룻밤을 넘기면 그것은 이미 명산물이 아니게 된다. 8월은 가장 무더운 계절, 입맛도 없어지고 체력도 떨어지는 때이다. 시원하고 담백한 소면이나 메밀국수가 당기는 계절이다.

[소면]

그릇 황세토 무코즈케黃瀨戶深向付

- 소면을 삶아서 차가운 물에 담근다.
- 머리를 제거한 보리새우를 소금물에 데친 다음 껍데기를 벗겨 살을 꺼낸다.
- 말린 표고버섯을 물에 불려 육수, 술, 우스쿠치 간장으로 담백하게 맛을 낸다.
- 파드득나물의 잎을 떼고 데쳐서 보기 좋게 자른다.
- 차림멋을 한 뒤 다시마, 가쓰오부시를 약간 진하게 우려낸다. 술, 극소량의 미림, 우스쿠치 간장으로 맛을 낸 시원한 국물을 소면에 붓는다.
- 국물에 유자즙을 뿌려 넣는다.

[가지와 강낭콩 무침]

그릇 비젠 무코즈케備前割山椒向付

- 큰 가지를 두 조각으로 잘라 충분히 삶는다.
- 가지를 소쿠리에 건져놓았다가 도마에서 평평하게 손질한 후 적당하게 눌러 서서히 물기를 뺀다. 가지를 먹기 좋은 크기로 자른다.
- 강낭콩은 작은 것을 골라내고 질긴 꼭지도 떼어낸다. 그런 강낭콩을 끓는 물에 삶은 후 찬물에 담근다.
- 잘 볶은 참깨를 절구에서 반 정도 찧는다.
- 약간의 육수와 우스쿠치 간장에다 참깨, 가지, 강낭콩을 잘 섞어 버무린다. 설탕을 넣지 않는 것이 가모賀茂 가지 본래의 맛과 단맛을 살리는 길이다.

9월

9월과 10월은 등 푸른 생선이 제일 맛있는 계절이다. 바닥에서 사는 광어와 가자미는 몸이 수압을 견디느라 단단하다. 그래서 얇게 회를 뜬다. 반대로 청어와 같은 등 푸른 생선은 수면과 가까운 곳에서 살기에 살이 부드럽다. 문제는 신선함을 빨리 잃는다는 것이다. 바닷가에 사는 사람은 배가 들어오자마자 청어를 구할 수 있지만, 내륙에 사는 사람은 확실한 정보에 따라서 두르지 않으면 안 된다.

[청어와 작은 토란]

그릇 청유 사발靑釉鉢

- 토란의 껍질을 벗긴 뒤 뿌리 부분과 싹이 난 부분을 잘라내 손질한다.
- 토란을 끓는 물에 데친 다음 제법 진한 다시마와 가다랑어 육수, 술, 약간의 미림, 우스쿠치 간장으로 맛을 낸다.
- 청어의 머리와 꼬리를 잘라낸 뒤 등뼈를 따라 두 쪽으로 가른다.
- 손질한 청어를 햇볕에 말렸다가 쌀뜨물에 하룻밤 담가둔다.
- 차를 끓인 물에 부드러워질 때까지 청어를 충분히 익힌 뒤 시원한 물에 담가둔다.
- 술, 흑설탕, 고이쿠치 간장을 섞어 끓인 다음 청어를 넣고서 익힌다. 생강즙을 곁들인다.

언젠가 로산진은 "많은 요리책을 읽고 요리에 관한 이야기를 들어봤지만 배울 것이 없었다"고 토로했다. 그러한 로산진도 고백하길, "미미도락美味道樂 70년 동안 그저 도道를 즐긴 정도였지 도를 얻을 수는 없었다"고 했다. 미식이란 너무도 넓고 깊은 주제였기 때문이리라.

[무화과 덴가쿠田樂*]

그릇 시가라키 접시信樂丸皿

- 무화과의 껍질을 벗겨낸 후 설탕물에 살짝 삶는다.
- 시로 된장과 사쿠라 된장**을 같은 비율로 섞은 뒤 술을 넣어 부드럽게 한다.
- 불에 올려 뜨겁게 한 양념을 무화과에 바른다.

●
* 된장을 바른 요리를 가리키는 말.
** 콩 된장의 일종으로 물엿, 설탕, 캐러멜 등을 넣고 가열하여 만든다. 단맛이 강하고 붉은색을 띤다.

10월

등 푸른 생선은 겉으로는 싱싱해 보여도 신선하지 못한 경우가 많다. 시간이 흘러도 색깔이 잘 변하지 않기 때문이다. 우스운 것은 시장에서 아침에 5천 원 하는 고등어가 저녁에도 5천 원 한다는 사실이다. 배를 만져 보아서 부드러운 것이 신선한 고등어이다. 가능한 한 신선한 고등어를 구해 빨리 소금을 쳐두어야 한다.

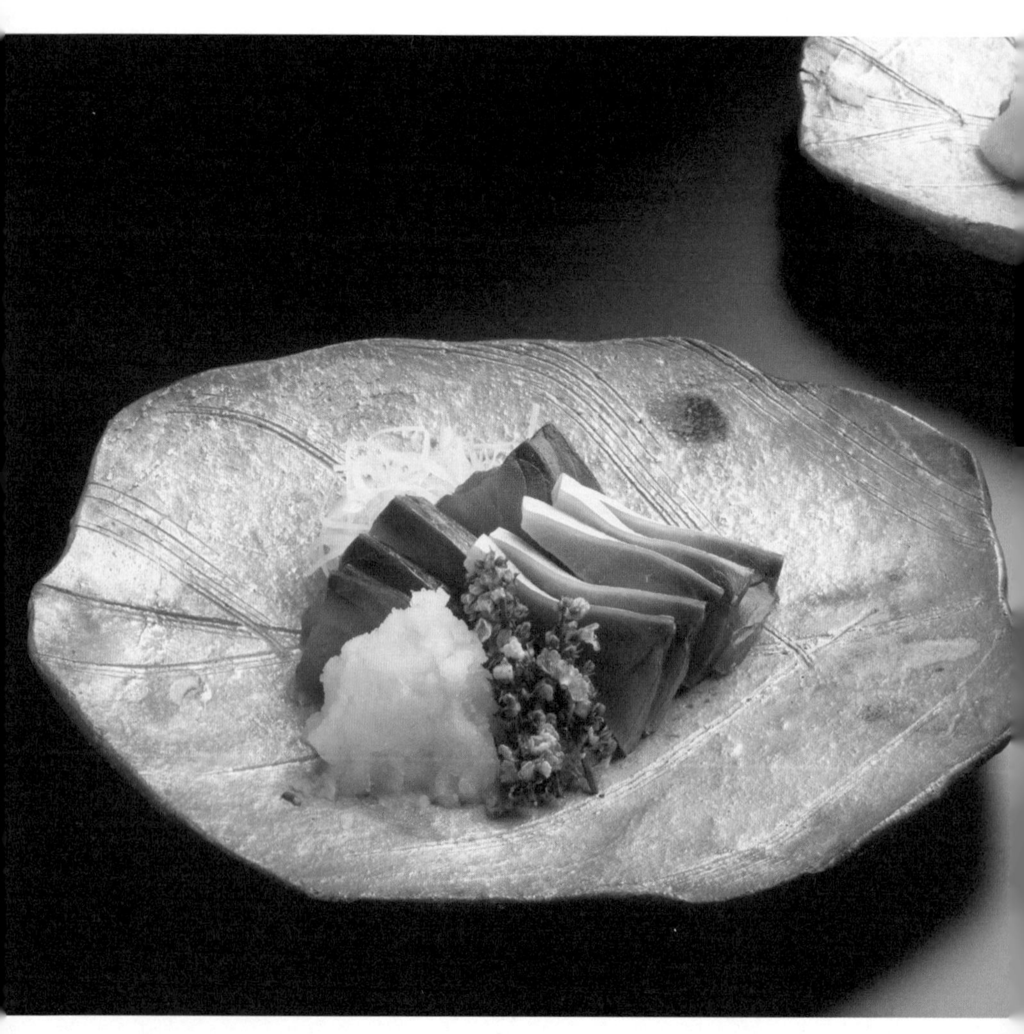

[고등어 기즈시 生寿司*]

그릇 은채 나뭇잎 모양 접시|銀彩葉皿

- 고등어 양면에 제법 많은 소금을 쳐서 하룻밤 재워둔다.
- 그런 고등어를 식초에 담갔다가 껍질을 벗겨낸 후 회칼로 먹기 좋게 자른다.
- 무즙을 와사비와 섞어 접시 위에 올리고 오이, 하나호지소로 차림멋을 한다.
- 감귤류 식초를 적당히 섞은 고이쿠치 간장을 곁들인다.

* 등 푸른 생선을 소금에 절인 것을 일컫는 말.

길가에서 놀던 소학교 아이들이 학교 선생을 보고 일제히 머리를 숙인다. 선생도 머리를 숙여 인사한다. 그 선생은 로산진을 돌아보며 자랑스럽게 말했다. "나는 어디를 가더라도 아이들에게 인사를 합니다. 어디를 여행하더라도 나는 학교 선생으로 보여야 합니다." 로산진은 이러한 장면이 감동스러웠지만 한편으로는 두렵기도 했다고 말한다. 선생이라는 존재는 틀에 박힌 사람이기도 하다고 생각한 것이다. 틀에 박혀 있다면 틀에 박힌 교육을 할 수밖에 없다. 요리도 마찬가지이다. 틀에 박힌 요리를 배우면 그것 외에는 만들 수가 없다.

[작은 토란 기누카쓰기 衣かつぎ*]

그릇 철화 무코즈케秋草鐵繪平向付

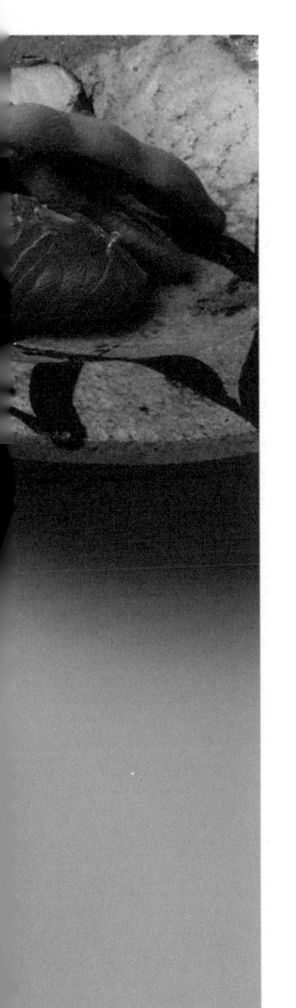

- 토란은 간단히 손질하며 껍질은 그대로 둔다. 토란을 찌면서 소금을 쳐 간을 하고 먹기 쉽도록 자른다.
- 풋콩을 뜨거운 물에 데쳐낸 뒤 소쿠리에 담아 물을 빼고 소금을 뿌린다.
- 홋카이도 연어는 대단히 뛰어난 재료이다. 이 연어를 훈제해 접시에 담는다.

* 토란을 껍질째 찐 요리를 일컫는 말.

11월

11월은 겨울에 제 맛을 내는 요리 재료들이 성숙해가는 때이다. 또한 '구치기리 차회口切茶會'가 개최되는 때이기도 하다. '구치기리 차회'는 차호를 개봉하는 다도 모임을 말한다. 5월 초에 차나무 새순을 따서 삶은 다음 충분히 말려 차호에 넣어 밀봉해두면 11월쯤에는 잘 숙성되어 있다. 이때쯤 꺼내 곱게 갈아 가루차를 만들어 마시기 때문에, 11월을 가루차의 정월이라고 부르기도 한다.

[시메지占地*와 시금치 무침]

그릇 금채 사발紅葉繪金彩鉢

화려한 그릇에는 수수한 요리가 어울린다.

- 흙이 묻은 부분을 잘라낸 시메지를 미지근한 물에 하나씩 담근다.
- 솔로 더러운 부분을 잘 닦은 뒤 육수와 약간의 우스쿠치 간장으로 간을 한다.
- 시금치는 잎 부분을 따서 끓는 물에 데친 다음 재빨리 찬물에 담근다. 이후 물기를 짜서 썬다.
- 시메지를 삶고 그 물에 유자즙과 우스쿠치 간장을 적당히 넣어 잘 섞는다.

---

* 송이과에 속하는 버섯의 일종.

[옥돔회]

그릇 시노 무코즈케鼠志野横長向付

- 옥돔은 잡은 장소에서 즉시 배를 갈라서 내장을 꺼내고 잘 씻는다. 곧바로 소금을 쳐서 운송하는 것만이 신선함을 유지하는 유일한 길이다.
- 비늘과 껍질을 벗긴 후 얇고 가늘게 회를 뜬다.
- 데친 구로카와타케黑皮茸*를 먹기 좋게 잘라 접시 위에 올리고, 계절과 어울리도록 데친 국화 꽃잎을 와사비와 곁들인다.

* 버섯의 일종.

12월

겨울에는 추운 지방에서 나는 식재료가 맛있다. 특히 혼슈 북쪽 호쿠리쿠, 노토 반도를 중심으로 한 지역은 좋은 식재료의 보고이다. 여기서 잡히는 바다참게(대게), 고바코게*, 방어, 대구, 조가비, 새우 등은 일본에서 최고급 식재료로 꼽힌다.

[에치젠越前 게]

그릇 은채 접시|銀彩タンパンそり皿

- 게를 소금물에 삶아 먹기 좋게 자르고, 보이는 않는 밑부분의 껍데기를 제거한다.
- 다시마나 가다랑어 육수와 유자 식초, 그리고 쌀 식초, 우스쿠치 간장을 곁들여 먹는다.
- 게는 염분이 있기 때문에 적은 양의 간장만 사용한다.

●
* 바다참게의 암컷.

[새우 메밀국수 말이]

그릇 시노 접시|紅志野平鉢

- 새우의 머리를 잘라내고 내장을 제거한다.
- 새우를 대나무 꼬치에 꿰어 소금을 약간 넣은 뜨거운 물에 익힌다.
- 식으면 꼬치를 빼고 새우의 껍데기를 벗긴다.
- 메밀국수를 삶아서 물에 헹군 다음 옆으로 길게 맞추어 자른다.
- 김을 발 위에 펴고 그 위에 메밀국수를 놓는다.
- 가운데에 새우를 놓고 김밥처럼 만다.
- 김밥처럼 자른 후 샐러드 기름에 튀긴다.
- 파드득나물에 튀김옷을 입혀 튀기고 무즙을 접시에 올린다.

에필로그

언제부터인가 "배부른 소리 하지 마라"와 같은 배고팠던 시절의 말들이 시시하게 여겨지기 시작했다. "음식을 가리지 않는다" "아무거나 잘 먹는다"와 같은 말들이 칭찬보다는 비아냥이라는 생각이 머리에 비집고 들어왔다. 입이 짧은 아이를 나무라던 내가 입이 짧아지기 시작했다.

아내가 시집올 때 가지고 온 본차이나 그릇을 정리하던 날, 배달되어온 짬뽕을 우리 도자기 사발에 옮겨본다. 단무지와 양파도 덩달아 접시를 갈아타고, 조잡한 나무젓가락은 왔던 곳으로 되돌아갔다. 배달하던 주인 아저씨는 좋아라 했는데…….

어찌 되었건 '요리와 그릇'이다. 요리엔 사람이 이미 많으니 마땅히 그릇에 사로잡혀야 하리.

태어나자마자 세상에 내던져진 로산진. 비정함과 차가움을 자양분으로 삼아 자랐지만 뜨겁기만 했던 인간. 그는 용암처럼 끓던 불덩이였다. 글을 맺으며 뜨거운 그의 말 한마디를 곱씹어본다.

"프랑스 요리를 칭찬하는 사람은 일본의 뛰어난 것을 보지 못한 불쌍한 사람이다. 일본에서 제대로 된 돈가스 하나도 먹어보지 못한 가난한 화가나 작가 들이 프랑스 요리는 맛있다고 떠벌린다. 로산진의 간절한 말을 들어라."

조국과 부모 형제가 로산진에게 해준 것은 아무것도 없었지만, 그의 이 말은 일본을 뜨겁게 사랑한 사람이 아니면 할 수 없는 말이었다. 일본인들은 그래서 그를 존경하는 것이리라.

우리의 요리와 그릇을 생각해본다. 자국의 뛰어난 요리를 제대로 먹어보지도 않고 프랑스 요리를 최고라고 치켜세우는 젊은이와 고관 들을 몰아세운 요리 영웅이 우리에겐 왜 없는가 생각해본다. 펄펄 끓는 칼국수가 담긴 플라스틱 그릇을 자주 본다. 저 그릇에서 무엇이 우러날까 생각하면 끔찍하다. 수천만 방문객을 자랑하는 인기 블로그에 왜 그릇에 대한 글은 없는지 생각해본다.

그래서 요리를 그릇으로 살려낸 도예가, 기타오지 로산진에게 우리의 길을 물었던 것이다.

로산진 연보

1883(0세) 3월 23일 교토 북부 가미가모 기타오지초에서 아버지 기타오지 기요아야와 어머니 도메의 차남으로 출생. 본명 후사지로. 아버지는 태어나기 세 달 전에 사망.

1889(6세) 목판업자 후쿠다 다케조의 양자로 들어감. 후쿠다 후사지로로 개명.

1893(10세) 소학교 졸업. 한약 도매상 '지사카와야쿠야千坂和藥屋'에 견습원으로 들어감.

1895(12세) 제4회 내국권업박람회에서 다케우치 세이호의 그림을 보고 감명받음.

1896(13세) 교토미술공예학교 입학을 희망했으나 경제 사정으로 허락되지 않음. 독학의 뜻을 세움. 현상습자 '일자 쓰기'에 응모. 양부모의 목판업을 거듦.

1899(16세) 일자 쓰기 분야에서 이름을 얻음. 본격적으로 서도書道 공부를 시작함.

1903(20세) 근시로 병역 면제. 어머니를 만나러 상경했으나 박대당함.

1904(21세) 11월 일본미술협회 개최 제36회 일본미술전람회에서 예서 '천자문'으로 수상.

1905(22세) 오카모토 가테이의 내제자가 됨.

1907(24세) 스승으로부터 후쿠다 오테이라는 이름을 받음. '서도교수書道教授' 간판을 걸고 독립함.

1908(25세) 야스미 다미와 결혼. 장남 오이치 탄생.

1910(27세) 생모와 함께 조선으로 감. 통감부 인쇄국에서 근무하며 비석 글씨와 전각 등을 공부함.

1911(28세) 차남 다케오 탄생.

1912(29세) 귀국. 서도교실 재개.

1913(30세) 이름을 후쿠다 다이칸으로 개명. 가와지 도요키치, 시바타 겐시치의 집에서 식객 생활을 함. 친형 사망. 다케우치 세이호를 만남.

1914(31세) 다미와 협의이혼. 나이키 세이베에의 집에서 식객 생활을 함. 제1차 세계대전 발발.

1915(32세) 호소노 엔다이를 만남. 가나자와에 있는 엔다이의 집에서 식객 생활을 함. 10월 야마시로에 있는 스다 세이카의 가마에서 도자기를 만들어봄.

1916(33세) 1월 엔다이의 소개로 가나자와의 가이세키 요리점 '야마노오'의 주인 오타 다키치를 알게 됨. 그곳에서 요리와 그릇을 공부함. 후지이 세키와 결혼함.

1917(34세) 고미술 감정소를 시작.

1918(35세) 기타카마쿠라에 집을 마련하여 아내와 장남, 양부모와 함께 삶.

1919(36세) 고미술 감정소를 확장하여 나카무라 다케시로와 함께 '다이가도 예술점'을 개업. 후에 '다이가도 미술점'으로 개칭.

1920(37세) 2월 생모 사망.

1921(38세) 다이가도 미술점 2층에 회원제 식당 '미식구락부' 발족. 수집했던 옛 도자기에 요리를 담아 호평을 받음.

1922(39세) 기타오지 가문의 상속자가 되어 기타오지 로산진이란 이름을 사용함.

1923(40세) 미식구락부의 회원이 증가함에 따라 직접 식기를 제작할 생각을 함. 여름에 야마시로에 있는 세이카의 가마에서 식기를 제작함. 9월 간토 대지진 때 미식구락부(다이가도 미술점) 소실.

1924(41세) 교토에 있는 미야나가 도잔의 가마에서 요정 개업을 위해 식기 제작. 거기서 아라카와 도요조를 만남.

1925(42세) 도쿄 아카사카에서 회원제 요정 '호시가오카사료'를 개업함. 나카무라 다케시로가 사장, 로산진은 고문 겸 요리장이 됨. 12월 요정에서 첫 개인전 '제1회 로산진 습작전' 개최.

1926(43세) 제2회 습작전(서, 그림, 전각, 액자, 도자기, 칠기) 개최. 차남 사망. 양부 사망.

1927(44세) 제3회 습작전 개최. 가마 '세이코요'를 열고 호시가오카사료에서 사용할 도자기 제작에 들어감. 아라카와 도요조와 같이 일하기 시작함. 후지이 세키와 이혼한 후 시마무라 기요와 결혼함.

1928(45세) 2월 장녀 가즈코 탄생. 5월 1일부터 한 달간 조선 남부 가마터 답사. 니혼바시의 미쓰코시 백화점에서 '세이코요 로산진 도기전' 개최.

1930(47세) 아라카와 도요조와 함께 미노 가마터 발굴 조사. 미노 가마터 발굴 도자기를 세이코요와 호시가오카사료에서 전시함. 10월 월간지 『세이코』 창간.

1932(49세) 채플린이 가마를 방문. 요리 스승 오타 다키치 사망.

1934(51세) 서도 강좌를 '습서요결習書要訣'이라는 제목으로 요정에서 개최함. 4월 양모 사망. '기타오지 로산진 가수장 고도자 전람회' 개최.

1935(52세) 세토식 가마 완성. 시노, 오리베, 황세토 등 모모야마 시대의 도자기를 재현하는 데 성공함. 11월 '오사카 호시가오카사료' 개점.

1936(53세) 7월 방만한 경영을 했다는 이유로 호시가오카사료에서 해고당함. 해고에 항의함. 기타카마쿠라 가마에서 도자기를 제작해 생계를 꾸리기 시작함.

1937(54세) 도쿄화재보험 50주년 기념품, 개국부인회 기념품 등을 주문받으면서 가마가 활기를 띰. '로산진 예술전' 개최.

1938(55세) 잡지 『아미생활』 창간. 7월 시마무라 기요와 이혼. 요리연구가 구마다 무메와 결혼.

1939(56세) 구마다 무메와 이혼. 도쿄 시로키야 백화점의 지하 식품판매장에 식재료를 산지에서 받아 판매하는 식품관 '로산진 산해진미 구락부'를 개설.

1940(57세) 게이샤 우메카와 결혼.

1942(59세) 우메카와 이혼. 전쟁에 도공들이 소집되어 나가 휴업이 부득이해짐. 그림, 칠기 제작에 몰두함.

1945(62세) 도쿄와 오사카의 호시가오카사료가 공습으로 소실됨. 나카무라 다케시로와 화해하고 기타카마쿠라 가마와 수집 미술품 절반을 가지게 됨.

1947(64세) 긴자에 로산진 작품 직매점 '가도카도비보' 개설.

1949(66세) 장남 사망. 비젠의 가네시게 도요를 방문함. 비젠 도자기 제작.

1951(68세) 프랑스 파리에서 열린 '현대 일본 도예전'에 출품해 호평을 받음. 피카소가 극찬함. '기타오지 로산진 전' 개최.

1952(69세) 가나자와에서 요양. 5월 이사무 노구치와 비젠 방문. 생활지 『독보』를 창간. 10월 '로산진 작도 25년 기념전' 개최.

1953(70세) 록펠러 3세 부부와 만남. '제1회 비젠 작도전' 개최. 파나마 국적의 선박 앤드류 딜론 호의 실내 그림 제작.

1954(71세) 록펠러 재단 초빙으로 2개월 보름 정도 미국과 유럽을 여행함. 뉴욕 근대미술관에서 '기타오지 로산진 전' 개최. 전시 후 작품을 미술학교와 공립미술관에 기증. 프랑스에서 피카소, 샤갈을 만남. 귀국 후 '귀조 제1회 전' 개최.

1955(72세) 봄과 가을에 교토 미술구락부에서 '로산진 작품전' 개최. 오리베 도자기 중요무형문화재 보유자(인간국보) 지정을 거절함. 이후 다수의 개인전 개최.

1958(75세) 해외여행 때 빌린 돈을 갚기 위해 '로산진 작도전'을 비롯해 전시회를 자주 개최함. 이때부터 체력이 약해짐.

1959(76세) 도쿄 국립근대미술관 주최 '현대 일본의 도예전'에 초대 출품. 10월에 '로산진 서도예술 개인전' 개최. 11월 요로폐색으로 요코하마의 주젠十全 병원에 입원. 12월 21일 디스토마에 의한 간경화로 사망. 현재 교토 사이호지 경내의 가족 묘지에 안장되어 있음.

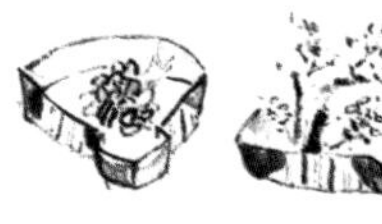

참고자료

신한균 저,『우리 사발 이야기』, 가야넷 2005.

한영대 저,『조선미의 탐구자들』, 박경희 옮김, 학고재 1997.

黒田草臣 著,『器—魯山人おじさんに學んだこと』, 晶文社 2000.

黒田草臣 著,『名匠と名品の陶藝史』, 講談社 2006.

黒田草臣 著,『美と食の天才, 魯山人』, 講談社 2007.

辻義一 著,『魯山人と辻留, 器にこだわる』, 講談社 2001.

辻義一 著,『魯山人·器と料理 持味を生かせ』, 里文出版 2008.

長浜功 著,『眞說 北大路魯山人』, 新泉社 1998.

長浜功 著,『北大路魯山人という生き方』, 洋泉社 2008.

山田和 著,『魯山人の美食』, 平凡社 2008.

山田和 著,『知られざる魯山人』, 文藝春秋 2007.

北大路魯山人 著,『魯山人陶說』, 平野雅章 編, 中央公論社 1992.

北大路魯山人 著,『魯山人「道樂」の極意』, 平野雅章 編, 五月書房 1996.

北大路魯山人 著,『魯山人の料理王國』, 文化出版局 1980.

北室南苑 著,『雅遊人 細野燕台』, 里文出版 1997.

吉田耕三 外 著,『魯山人の世界』, 新潮社 1989.

谷晃 著,『茶の湯の文化』, 淡交社 2005.

季刊『陶磁朗』33 特輯, 双葉社 2005.

志の島忠 著,『料理屋の会席料理』, 旭屋出版 2008.

도록

『北大路魯山人』, 第8會 共同巡廻展實行委員會 2007.

『北大路魯山人 圖錄』, 吉兆庵美術館 2000.

『北大路魯山人の宇宙』, 笠間日動美術館 2007.

『北大路魯山人展—四季を創る』, 佐野美術館 2003.

『北大路魯山人と岡本太郎展』, NHKプロモーション 2007.

『北大路魯山人展: 沒後50年』, 阪急百貨店美術部 2009.